AWS

設計 スキルアップ ガイド

サービスの選定から、システム構成、運用・移行の設計まで

㈱BFT
［監修］

佐野夕弥
相馬昌泰
富岡秀明
中野祐輔
山口杏奈
［著］

技術評論社

はじめに

　AWS（*Amazon Web Services*）はインフラ市場で32％のシェアを占めます（2023年第一四半期・Synergy Research Group調査）。初めてクラウドでシステムを構築したのがAWSだった、という方も多いでしょう。

　かく言う筆者もAWSからクラウドを触り始めた一人で、2014年に社内の勉強会で初めてAmazon EC2を触りましたが、Webサーバとしてアクセスできたそのスピードに衝撃を受けたのを覚えています。物理サーバにOSをインストールして、パッケージをアップデートし、ミドルウェアをインストール・設定、インターネットからアクセスできるようにネットワークの設定をする。それがAWSを利用すればものの数分で完了できるのです。クラウドの登場はそれまでのシステム構築の常識を確実に覆していきました。

本書の特徴

　本書はAWSの設計に関することを網羅的に扱っています。AWSは書籍や公式サイト、一般のブログの情報量も随一なので、その気になれば自己学習だけで多くの知識を得られます。しかし逆にこの情報量の多さがあだとなり、いったいどこから確認したらよいのか、何を信じたらよいのかわからなくなってしまう方もいるかもしれません。

　現在AWSでは200以上のサービスを提供していますが、本書では設計という観点から必要なものだけに絞り込み、サービス名として約70を取り上げ、その半分ほどを詳しく紹介しています。そのほかにも設計を自分の力で進めて行くために必要となる知識を記載しています。システム構成図の描き方、リスクマネジメント、クラウドリフト・クラウドシフト……、こういった知識はシステムの全体設計を行ううえで必ずやあなたの有効な手札となるはずです。

　また、Microsoft AzureやGoogle Cloud、そのほかのクラウドプラットフォームでも、提供形態や細かい違いはあれども基本的にサービスの考え方

は似ています。AWSを深く知ることで、ほかのクラウドを理解するスピードは飛躍的に上がるでしょう。

対象とする読者

　本書はAWSの設計と真剣に向き合いたいと考えるエンジニアを対象としています。「誰か」が決めたレールの上で設計・構築・試験・運用をするのではなく、「どうあるべきか」をあなた自身で考え、決めていくための一冊となるよう、本書を執筆しました。

本書の構成

●第1部　クラウド基礎知識編

　「第1章　オンプレミスからクラウドへ」では、クラウドについての基本的な知識をあらためて整理しています。また他クラウドと比べたAWSのメリットやクラウドではなく、オンプレミスが適したシステムの特徴を取り上げています。

　「第2章　クラウドのインフラ設計」では、オンプレミスでもクラウドでもインフラストラクチャの設計で使用する「非機能要求グレード」と、AWSクラウドを利用するうえで必要不可欠な「責任共有モデル」を紹介します。

●第2部　AWSのシステム構成編

　「第3章　システムの構成」では、システム全体に統一的なルールを適用できる「AWS Control Tower」や「AWS Organizations」、権限・セキュリティですべてのサービスに関わる「AWS IAM」を紹介します。そのほか、システム構成図を描くポイントやAWSの費用算出方法など、個別のサービスを扱う前に理解しておくとよい内容を取り上げています。

　「第4章　ネットワーク設計」では、ほかのコンピューティングやデータベースなどのサービスを設計するうえで必要となる、基礎的な内容を解説します。またオンプレミスや外部システムとのつなぎ方、可用性の考え方

をまとめています。

「第5章　コンピューティング」では、仮想マシンとして「Amazon EC2」、サーバレスなコンテナサービスとして「Amazon ECS」を主に取り上げます。インスタンスの費用削減対策も記載しているので、「Amazon EC2」や「Amazon RDS」「AWS Batch」などのインスタンスが関わるサービスを利用する際は参考にしてください。

「第6章　データベース」では、データベースサービス選定の流れを説明したうえで、最も選択肢に挙がりやすい「Amazon RDS」や「Amazon Aurora」、Auroraのサーバレスサービスである「Aurora Serverless」、NoSQLデータベースとして「Amazon DynamoDB」を主に取り上げます。

「第7章　ストレージ」では、オブジェクトストレージの「Amazon S3」や、Linux系インスタンスやAWS Lambdaから利用できる共有ファイルストレージの「Amazon EFS」を主に取り上げます。ストレージクラスを理解し、大容量のデータ保存にかかる費用を抑える設計をしましょう。

「第8章　アプリケーション統合」では、利用頻度の高い「Amazon API Gateway」と「Amazon EventBridge」を中心に、疎結合なAWSサービスを解説します。

「第9章　可用性」では、AWSでの可用性の考え方から障害を発生させないための工夫、AWSで障害が発生した際の対応を解説します。また、システム構築の各フェーズで発生するリスクに対する考え方を記載しています。

「第10章　セキュリティ」では、最初にセキュリティへの対応方針となるガイドラインを紹介します。その後AWSのセキュリティサービスの特徴を取り上げます。

●第3部　AWSの運用設計編

「第11章　ジョブ管理」では、大規模なバッチ処理をクラウドならではのリソースで実行する「AWS Batch」と、一連の処理をワークフローに実装できる「AWS Step Functions」を紹介します。

「第12章　バックアップ」では、各サービスのバックアップに統一的なルールを適用し、設定・管理できる「AWS Backup」を紹介します。

「第13章　監視」では、AWSの監視マネージドサービス「Amazon CloudWatch」や「Amazon CloudWatch Logs」を取り上げ、クラウドの監視対象とその監視方法を記載します。またOSSの統合監視ソフトウェアZabbixを例に、ネットワークを介してAWSを監視する方法を紹介しています。

「第14章　構築・運用の自動化」では、AWSの構築自動化といえば第一に名前が挙がる「AWS CloudFormation」とCI/CDで利用するCodeファミリーを取り上げます。

●第4部　AWSへの移行設計編

「第15章　オンプレミスからの移行」では、クラウドリフトやクラウドシフトの進め方を示します。また仮想サーバ、データベース、大量データに分けて、オンプレミスからAWSへ移行する手順を解説します。

あなたが本書を手に取る瞬間にも、新しいAWSサービスや機能がリリースされていることでしょう。日々更新されるサービスの最新情報を確認できるよう、本書では参考のリンクを多数載せています。そのほか最新情報は以下の参考サイトを定期的に確認するようにしていただければと思います。

参考：AWSの最新情報
https://aws.amazon.com/jp/new

2023年6月　著者一同

目次
AWS設計スキルアップガイド
サービスの選定から、システム構成、運用・移行の設計まで

第 **3** 部

AWSの運用設計編

第**11**章 **ジョブ管理**

第4部
AWSへの移行設計編　255

第 **1** 部

クラウドの基礎知識編

第 **1** 章

オンプレミスからクラウドへ

クラウドは変化の早い今の時代に合ったシステムの提供形態ですが、オンプレミスより必ずしも優れている、というわけではありません。クラウドを使用する前提で進めるのではなく、オンプレミスとクラウド、それぞれのメリットやデメリットを知り、より要件を満たせる環境を選択できるようにしましょう。

1.1

クラウドとは

クラウドの概念

　クラウド（cloud）とは英語で「雲」を意味しますが、昨今ではインターネットなどのネットワークを経由してサービスやアプリケーションを提供する形態を示す単語としても使われています。それがなぜクラウドと呼ばれるようになったかは諸説ありますが、システム外のITリソースを雲の絵で表したことに由来する説が一般的です。そして私たちはそのクラウドが提供するサービスやインフラストラクチャを利用し、業務の効率化・情報の即時共有を実現してきました。

クラウドのサービス形態

　クラウドには、SaaS（*Software as a Service*：サースまたはサーズ）、PaaS（*Platform as a Service*：パース）、IaaS（*Infrastructure as a Service*：イアースまたはアイアース）の3つのサービス形態があります（**図1.1.1**）。左のオンプレミスと比較すると、どのクラウドのサービス形態でも利用者の管理する領域が少なくなっていることがわかるでしょう。

▶ **図1.1.1**　クラウドサービス提供形態の違い

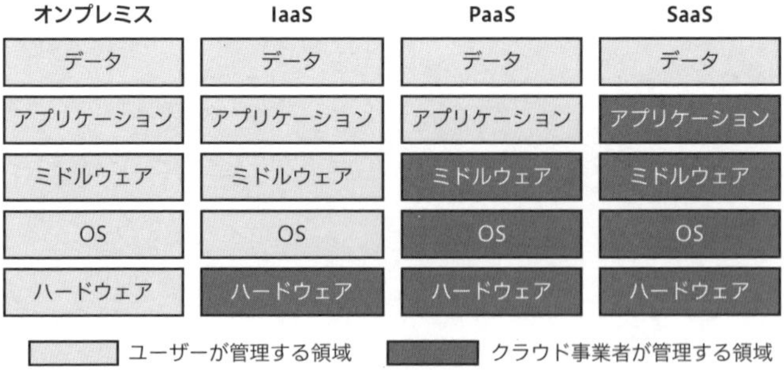

オンプレミス	IaaS	PaaS	SaaS
データ	データ	データ	データ
アプリケーション	アプリケーション	アプリケーション	アプリケーション
ミドルウェア	ミドルウェア	ミドルウェア	ミドルウェア
OS	OS	OS	OS
ハードウェア	ハードウェア	ハードウェア	ハードウェア

☐ ユーザーが管理する領域　　■ クラウド事業者が管理する領域

- **SaaS**
  - インターネット経由でサービスを提供する
  - Gmail、iCloud、Salesforce CRMなど
- **PaaS**
  - インターネット経由でアプリケーション実行のプラットフォームを提供する
  - 利用者が自分のアプリケーションを配置して運用する
  - Amazon S3、Google App Engineなど
- **IaaS**
  - インターネット経由でハードウェアやインフラストラクチャを提供する
  - Amazon EC2（以下、EC2）など

クラウドの利用形態

また、クラウドは利用形態により3つに分類されます。

- **パブリッククラウド**
  - ハードウェアを所有せず、インターネット経由でアクセスする
- **プライベートクラウド**
  - ハードウェアを調達し所有したうえで、自社内からのアクセスのみを受ける（オンプレミス型のプライベートクラウド）
  - インフラはクラウド事業者から提供してもらい、自社内からのアクセスのみを受ける（ホステッド型のプライベートクラウド）
- **ハイブリッドクラウド**
  - パブリッククラウドとプライベートクラウドを組み合わせた形態

AWSを選ぶメリット

　Amazon Web Services（AWS）が2004年にAmazon Simple Queue Service（SQS）を提供して以来、提供サービス数は飛躍的に増え、2023年第1四半期時点でのクラウドインフラのシェアは1位で約32％、クラウドインフラ自体の市場規模は630億ドルほどに成長しました[注1]。ほかにもMicrosoft Azure（シェア約23％）やGoogle Cloud（シェア約10％）のクラウドベンダーがある中で、AWSが選ばれる理由は何でしょうか。

注1　シェアはいずれも「Synergy Research Group」調査結果によります。
https://www.srgresearch.com/articles/q1-cloud-spending-grows-by-over-10-billion-from-2022-the-big-three-account-for-65-of-the-total

AWS特有のメリット

AWSに特有のメリットは以下のとおりです。

▶ **費用が継続的に安くなる**

AWSは「技術革新などによるコスト削減分を顧客に還元する」スタンスをとっている。技術革新・大規模展開によりAWS側のインフラ調達や維持コストが下がると、顧客に提供するサービス料を下げることにつながる

▶ **システム開発の属人化を排除する**

「この人しか知らない」「この人しか対応できない」状況は、インフラ業界では頻繁に発生する。マイクロサービスアーキテクチャ思想に基づいて設計されているAWSでは、マイクロサービスのシステム開発をするためのサービスやAPIが豊富に提供されており、システム全体を理解していなくても、疎結合した細かい機能単位で改修やトラブル対応ができる

▶ **無料で高品質の日本語サポート**

AWSでは日本・カナダ・ドイツにサポートチームを設置し、時差を活用した24時間365日のサポートを提供している。サポート費用のかからないデベロッパープランでも「一般的なガイダンス：24時間以内」「システム障害：12時間以内」の応答を目標としており、日本語でのサポートもされている

▶ **資料やブログの多さ**

公式や個人のブログを含め、インターネット上ではたくさんのAWSの情報を目にする。もちろん情報の精査を受け取り手が行う必要はあるが、困ったときや確認したいときなどに情報の多さは安心感にもつながる

クラウド一般のメリット

一般的にクラウドを利用すると、以下のメリットがあるといわれています。メリットを理解したうえで、そのメリットを最大化できる構成になるようにしましょう。

▶ **導入・運用コストの低減**

オンプレミスと異なり、クラウドでは**従量課金制**、使った分だけの支払いが基本。初期費用がかからず利用した分のみの費用が発生するため、**費用削減**につながる

▶ **使いたいときにすぐに利用できる**

オンプレミスでは機器の選定・調達・組み立て・設定に時間がかかる。クラウドでは**使いたいときに使いたい分だけ**即座に利用できる

▶ **運用負荷が低減する**

クラウド事業者が提供するマネージドサービスでは、機器やOSのメンテナンスが発生しない

▶ **高セキュリティの確保**

常に最新のセキュリティを提供するクラウドは、オンプレミスよりも**高セキュリテ**

ィなシステムを構築しやすい。もちろん開発者側は開発者の責任範囲においてセキュリティの施策を行う必要がある

1.2

インフラ構成の変遷

オンプレミスからクラウドへ

パブリッククラウドが登場する以前は、ハードウェアを調達・組み立てをするのが当たり前でした。また、OSやミドルウェアを設計してシステムを構築し、自社内やデータセンター内で運用します。このような構築手法や構築されたシステムをオンプレミス（on-premise）と呼び、クラウドによるシステム構築と区別されています。

クラウド黎明期（2006年〜2010年）

普段の生活では使うことのない、オンプレミスという言葉が一般的に使われ始めたのは2000年後半です。

プレミス（premise）は「土地、敷地、構内」であり、onが付くと「敷地内」や「構内」にあるものを示す意味となります。対してクラウド（cloud）は「雲」であり、**自分たちの手の届かない場所にシステムがあること**を意味します（**図1.2.1**）。

▶**図1.2.1** オンプレミスとクラウド

オンプレミス　　　　　　　　　　　　クラウド

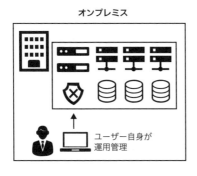

ユーザー自身が
運用管理

ネットワークを介して
クラウドリソースを利用

　クラウド黎明期では、ユーザー側も SI（*System Integrator*：システムインテグレーター）事業者側も導入に二の足を踏んでいました。ユーザー側から見ればクラウドの信頼性、性能、運用などの実績のなさからくる不安が、SI 事業者側から見ればオンプレミスのシステム構築で得られたハードウェアに関わる売り上げが減少する懸念があったのです。そのため、停止しても業務に支障の出ない一部のサーバのみをクラウドに置き換える、検証環境で利用するなど、システムの一部でクラウドを利用する企業が多くありました。

クラウド成長期（2010年〜現在）

　しかし2010年代後半になり、大手都市銀行が「クラウドファースト」（新たなシステムを検討・更新する際にクラウドサービスの利用を優先すること）の標語をかかげクラウド導入を推進すると、流れが一気にクラウド化へと傾きます。

　以降、システムの新規構築・更改問わず、インフラプロジェクトではオンプレミスとクラウドの比較検討が盛んに実施され、次第にクラウドでのシステム構築が増加していきました。2018年には政府が「クラウド・バイ・デフォルト原則」（政府情報システムを整備する際にクラウドサービスの利用を第一候補とすること）の方針を発表し、腰の重かった官公庁・中央省庁でもシステムのクラウド化が進んでいきました。

　2020年代に入ってからもクラウド化の流れは止まることなく、さらに加速します。クラウドのメリットを最大化するクラウドネイティブへのシフトが進み、そもそもインフラの選択肢として、オンプレミスではなく AWS、Microsoft Azure、Google Cloud などのクラウド事業者どうしを比較検討するようになりました。

　こうしてハードウェアなどを原則「所有する」しか選択肢がなかったオンプレミスの時代から一変し、**「使いたいときに使う分だけ借りる」考え方が一般化**しました。

オンプレミスとクラウド、費用のかかり方の違い

　「使いたいときに使う分だけ借りる」形式の利用方法では、インフラコストの考え方を変える必要があります。オンプレミスとクラウドのコストのかかり方には以下のような違いがあります。

- **オンプレミス**
  - 最初からピーク時のアクセス数や容量を見越したスペックのサーバやストレージを購入
  - データセンターなどの設備は年単位で契約
  - 運用コストは一定
- **クラウド**
  - スモールスタートで初期コストを抑える
  - 必要に応じてスペック変更、容量拡張する
  - 不要なときはサーバ停止するなどでコスト削減する
  - マネージドサービスを利用して運用コストを下げる

　リリースしたばかりのショッピングサイトを例に見てみましょう。オンプレミスではインフラを購入した費用全体がシステムの初期コストとしてかかり、費用対効果が低くなります（**図1.2.2**。正確にいえばインフラハードウェアの減価償却期間は5年のため、毎年、買った金額の5分の1とサーバを設置してある場所の空調費用や電気代がコストとしてかかります）。

　対してクラウドでは、お客様のアクセス・購買行動とクラウド使用料が比例する形となり、売り上げに対してのインフラコストが適正化されます（**図1.2.3**）。

▶**図1.2.2　総コストと売り上げの関係例（オンプレミス）**

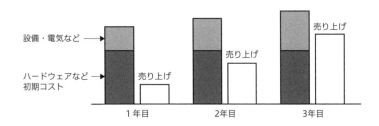

▶**図1.2.3　総コストと売り上げの関係例（クラウド）**

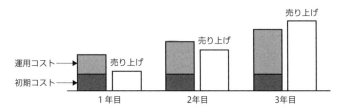

このようにオンプレミスでは「ピーク時に合わせた最大の規模」を想定してシステム設計を行いますが、クラウドでは「処理状況によってリソースを増減させる」場合や「処理数と課金が比例するしくみを使う」場合を想定して設計を行います。

オンプレミスとクラウド、冗長化の違い

また、非機能要件の「運用・保守性（耐障害性）」として、オンプレミスではサーバやストレージ自体の冗長化（CPUやメモリ、NIC：*Network Interface Card*、電源などの二重化）や、システムとしての冗長化（クラスタ）またはデータセンター自体の冗長化（災害対策サイト）を必要に応じて実装します。

クラウドではハードウェアに関わる非機能要件は基本的にクラウド事業者が対応するため、ユーザー側で考慮する必要はなく、すでに冗長化された各サービスを利用するだけで済みます。

オンプレミスのメリットを受けやすいシステムとは

ここまでクラウドの優位性ばかりを述べてきましたが、使われ方によってはオンプレミスのほうにメリットが大きい、あるいはクラウドのメリットを活かせない場合もあります。

▶ 柔軟な拡張性が必要ない場合

24時間365日、処理負荷が常に一定のシステムを構築する場合やオンプレミスと同じリソースをクラウド上で停止せずに使い続けた場合、クラウドの使用料がオンプレミスの初期費用を超える日が訪れる。更改単位である3〜5年の間に負荷が一定のシステムは、オンプレミスのほうがコストは低くなるかもしれない（**図1.2.4**）

▶ 図1.2.4 オンプレミスとクラウドのシステムにかかる総コスト例

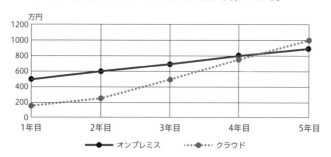

▶ **低いレイテンシを求められる社内システムの場合**

たとえば、自社内のオンプレミスで構築していたシステムをクラウドで構築した場合、自社からクラウドまでの回線速度が起因となってパフォーマンス低下を引き起こす可能性がある。一般的なオンライン画面のレスポンス要件は3秒程度。クラウドに移行した結果、レイテンシが高くなり、要件を満たせなくなる場合もある

通信の種類やアプリケーションの作り方によっては、1回の処理でもパケットを分割して送受信するものがある。実例として、クラウドではオンプレミスに比べて1回のパケット送受信あたり0.1秒のレイテンシがあり、そのパケット送受信が1つの処理内で100回程度発生し、全体では1秒遅くなるケースがあった

対応として、アプリケーションや処理内容を見なおす、あるいは「AWS Outposts」（AWSクラウドサービスを提供するシステム自体をラックごと自社内の施設に置くサービス）の利用が挙げられます。

参考：「AWS Outpostsファミリー」 https://aws.amazon.com/jp/outposts/

▶ **ハードウェアなどのインフラストラクチャを管理したい場合**

たとえば、クラウド事業者が責任を持つ範囲内で障害が発生したとき、その復旧作業の状況や原因などはクラウド事業者の発表を待つだけで、オンプレミスで構成されたシステムのような詳細情報を手に入れられないことがほとんどである

▶ **クラウドでは構築できないか、制約が多い場合**

独自または古いOSやミドルウェアなどは、クラウドへ移行できない場合がある。移行できても、多くの制約や、構築および運用上のデメリットが生じる可能性がある。新しいOS・ミドルウェアなどへの更新ができないものはオンプレミスを選択する

「責任共有モデル」（2.2節「クラウドで考えるセキュリティ」の「クラウドセキュリティの責任分界点」の項で解説します）に従い、クラウド事業者の責任範囲はクラウド事業者に任せるしかありません。こういった不安を強くもつ場合、またハードウェアやOS、ミドルウェアを自由にコントロールしたい場合は、オンプレミスでシステム構築をするほうがよいでしょう。

クラウドネイティブなシステムとは

システムのクラウド化が進む中で**リフト&シフト**の言葉がよく使われます。

100台のオンプレミスサーバが EOSL（*End of Service Life*：保守切れ）を迎

え、クラウドに移行する要件があるとします。そのとき、サーバの構成を
そのまま仮想サーバ（EC2）に置き換える、つまり**アプリケーションやデー
タベースはそのままでインフラだけ移行するのがリフト（単純移行）**の考え
方です。対して**クラウドのマネージドサービスを使うのがシフト（クラウド
適用）**の考え方です（**図1.2.5**）。

たとえば、クラウドシフトではオンプレミスサーバの各機能を以下のよ
うにクラウドのマネージドサービスへ置き換えます。

- ▶ **Web/APサーバ**
  - ▶ アプリケーションをSPA（*Single Page Application*）に作り替えて、バックエン
    ド処理はAPI GatewayとAWS LambdaでAPI化
- ▶ **バッチサーバ**
  - ▶ AWS Batchでバッチ処理
- ▶ **ジョブ管理サーバ**
  - ▶ AWS Step Functionsでジョブを管理
- ▶ **DBサーバ**
  - ▶ Amazon Aurora Serverless、Amazon DynamoDBを利用

クラウドシフトでは、コストメリットや運用負荷軽減というクラウドの
メリットを最大限享受できますが、アプリケーションの作り替えや運用方
法の変更などさまざまな作業が発生し、一時的にコストが上昇します。

▶**図1.2.5**　クラウドへの移行パターン

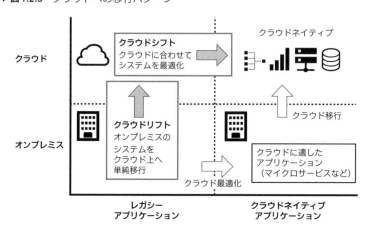

新規に作るシステムで時間に余裕があれば、最初からクラウドネイティブな構成を検討するとよいでしょう。10年前よりずっと変化の速い現在のビジネス環境では、クラウドのメリットを活かせる場面が多いはずです。

第**2**章

クラウドのインフラ設計

システムをクラウドへ移行しても、インフラストラクチャの設計手法はオンプレミスのときと大きく変わりません。オンプレミスと同じ部分とクラウド特有で考慮する部分、逆にクラウドでは考慮しなくてもよい部分があります。クラウドを利用する際は「責任分界点」を理解し、要件定義や基本設計を進めていきましょう。

2.1

インフラストラクチャの設計

非機能要求グレードの活用

独立行政法人情報処理推進機構（IPA）が公開している「非機能要求グレード2018」[注1]は、多くのプロジェクトで非機能設計の指標として使用されています。非機能要求は広義で**システムで実現したい機能以外のすべての要求事項**を指し、予算や法律・ビジネスルールを含む場合もあります。非機能要求グレードではシステム基盤で要求される項目を、**「可用性」「性能・拡張性」「運用・保守性」「移行性」「セキュリティ」「システム環境・エコロジー」**の6つのカテゴリに分けて記載しています。

非機能要求は、たとえばクリックしたあとの画面表示を3秒以内にしてほしい（性能に関する要求）、障害は発生から3時間以内に復旧してほしい（保守に関する要求）といった内容です。非機能要求のすり合わせと設計では、顧客との認識の漏れやズレ、要求と費用の折り合いがつかないなどの問題が起こりやすい段階です。問題の発生を防ぐためにもこういったガイドラインを有効活用しましょう。

非機能要求グレードの例

非機能要求グレードには指標ごとに対応レベルが0から5で記載されており、システムの要求水準はレベルの高さで分けられます。たとえばシステムの通常の「運用時間」が指標となる場合、レベル0は「規定なし」、レベル1は「定時内（9時～17時）」、レベル2は「夜間のみ停止（9時～21時）」、レベル3は「一時間程度の停止有り（9時～翌8時）」、レベル4は「若干の停止有り（9時～翌朝8時55分）」、レベル5は「24時間無停止」などです。

対応はシステムの特性を以下の3パターンに分けて記載しています。

- ▶ **社会的影響がほとんどないシステム**
- ▶ **社会的影響が限定されるシステム**

注1　https://www.ipa.go.jp/archive/digital/iot-en-ci/jyouryuu/hikinou/ent03-b.html

▶ 社会的影響が極めて大きいシステム

先ほどの運用時間の指標でいえば、「社会的影響がほとんどないシステム」ではレベル2「夜間のみ停止(9時〜21時)」を、「社会的影響が限定されるシステム」ではレベル4を、「社会的影響が極めて大きいシステム」ではレベル5を推奨しており、この推奨値をもとに要求される値を検討していきます。

一般的な企業の基幹システムでは、「社会的影響が限定されるシステム」に当てはまることが多いでしょう。金融系や鉄道会社の運行システムなど社会インフラを支えるシステムは「社会的影響が極めて大きいシステム」となり、自然と要求されるレベルも高くなります。

本書で記載する非機能要求グレードの範囲

クラウドでも非機能要求グレードを活用して設計していくことに変わりはありませんが、検討できない項目があることに注意しましょう。たとえば「C.5.1.1 保守契約(ハードウェア)」や「F.4.1.1(耐震／免震)」などはクラウド事業者の責任範囲です。また非機能要求グレードに沿えばすべてを網羅できるわけではありませんので、そのシステムならではの追加すべき項目がないか、漏れや見落としがないように慎重に検討していきましょう。

本書ではIPAが非機能要求として挙げる6カテゴリのうち、「可用性」(第9章「可用性」)、「運用・保守性」(第14章「構築・運用の自動化」)、「移行性」(第15章「オンプレミスからの移行」)、「セキュリティ」(第10章「セキュリティ」)について詳しく記載しています。「性能・拡張性」はシステムを構成するAWSサービスの特徴を確認してください。たとえばAmazon EC2では、インスタンスタイプを変更してCPUやメモリ、ネットワーク帯域をスケールアップできます。「システム環境・エコロジー」はクラウド事業者の責任範囲のため、本書では記載しません。

「クラウドで非機能設計」の勘どころ

オンプレミスでは、ハードウェアやミドルウェア、アプリケーションの機能や制限を調査したうえで選定・設計し、最終的に非機能要求事項を満たせるようにシステムの構成を決めます。クラウドでは、サービスごとにクラウ

ド事業者との責任分界点や機能・制限が異なり、場合によっては非機能要求事項を満たせない可能性があります。まずは要求事項を満たすために、構成やほかのサービスとの併用によってクリアできるか、その際にかかる費用は許容されるかなど、使用するサービスの機能や制限を詳細に調査しましょう。

　またオンプレミスと同様、要求を満たすためにはこの構成にするといったある程度決まったパターンがあります。構成例はAWSが公式に出しているものが多数ありますので、「AWSサービス別資料」で知りたいサービスや構成の情報を確認するとよいでしょう。

　経験上、オンプレミスと比べてクラウドが大きく信頼性に欠ける印象はありません。もちろん、システム要件に合致した正しい設計・構築がなされ、正しく運用されていることが前提です。非機能要求は高くなりすぎると、実際にかかる環境のコスト以上に設計・構築・運用コストが高騰します。細かい部分までコントロールしたい場合は「クラウドを使用しない」や「一部をオンプレミスで構築する」といった方針も検討できますが、クラウドを有効活用していくのであれば要求事項をクラウドに合った形へ見なおしていくことも必要でしょう。

> 参考：「**AWSサービス別資料**」 https://aws.amazon.com/jp/events/aws-event-resource/archive/?cards.sort-by=item.additionalFields.SortDate&cards.sort-order=desc&awsf.tech-category=*all

2.2

クラウドで考えるセキュリティ

クラウドセキュリティの責任分界点

　クラウドを利用するうえでの大きな懸念のひとつとして、「セキュリティリスク」が挙げられます。クラウド事業者との責任分界点を理解すれば、クラウドを利用する私たちが取るべき対応もおのずと見え、セキュリティリスクを低減して安全にクラウド上のサービスを利用できます。

責任分界点とは

　責任分界点とはその名のとおり「サービスの提供者と利用者間で責任を分ける点」のことで、**万が一、事故が起こったときや何らかの対応が必要なときに責任の所在を明らかにするもの**であり、クラウドに限った用語ではありません。

　たとえば電力会社が一般の家庭へ送電しているケースでいうと、軒先などに取り付けられている引込線取付点が責任分界点です。責任分界点を超えた先、つまりメーターや屋内配線で問題が生じた場合の対応の責任は、契約者にあります。

　AWSでも同じく、AWSが責任を持つ領域と、AWSを利用する開発者が責任を持つ領域が責任分界点によって分けられています。

AWSの責任共有モデル

　クラウドのサービスを利用してシステムを構築するとき、多くの場合は物理サーバやストレージなどを別途用意する必要はありません。そのため開発者は、たとえばハードウェアのEOSLや、ドライバ・ユーティリティのバージョンアップなどを考慮せずに済みます。しかしOSやアプリケーションのバージョンやバグ対応・ファイアウォール設定などの管理責任は、開発者が持たねばなりません。このように複数の関係者が担当するレイヤ（物理レイヤ、OSレイヤ、アプリケーションレイヤなど）のセキュリティ保護を負い、全体最適することを「責任共有モデル」と呼びます（**図2.2.1**）。

▶**図2.2.1**　AWSの責任共有モデル

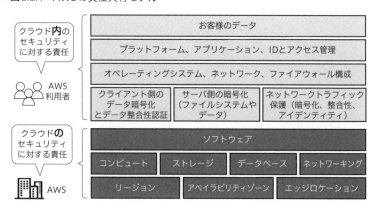

　AWSは「クラウドのセキュリティ」責任として、サービスを提供するためのインフラストラクチャ（ハードウェア、ソフトウェア、ネットワーキング、クラウドのサービスを実行する施設）の保護に関して責任を負います。

　また、AWSサービスを利用してシステムを構築する私たち開発者は、「クラウドにおけるセキュリティ」責任として、**選択したAWSサービスごとに適切なセキュリティを実装し、システムを保護する責任**を負います。

　AWSサービスによって責任の範疇は異なるため、使用するサービスの責任分界点を必ず確認し、私たちが対応すべき項目を洗い出しましょう。ただしAWSサービスごとに設定すると抜け・漏れが発生したり、設定内容に差異が出たりする可能性があります。横断的に各サービスのセキュリティを確認するAWS Security Hubなどのセキュリティ検出サービスを有効にすると、抜け・漏れ対策につながります。

第 **2** 部

AWSのシステム構成編

第3章

システムの構成

個々のAWSサービスを触る前に、全体で考える
観点として、アカウントの統制とログインIDの
統合があります。AWSのサービスそれぞれでセ
キュリティやログ管理、バックアップなどを考
えるよりも、統一的なルールを一括で適用でき
るAWSサービスを利用すれば、抜け漏れを低減
できます。

3.1

AWS全体の設計

　AWSでシステムを構築するときに、まず考えるべきは「アカウントをどの単位で発行するか」です。やみくもにAWSアカウントを発行すると管理負荷が増大し、セキュリティリスクが高まる危険があります。本章ではAWSの全体を設計するうえで必要不可欠な、アカウントの単位やIAM（*Identity and Access Management*）の設計について解説します。それぞれのメリット・デメリットをおさえたうえで、適切にAWSアカウントを発行し、運用していきましょう。

AWSアカウントを発行する前に

　AWSアカウントの発行には数分あれば十分です。必要な情報は**メールアドレス、住所、電話番号、請求情報のみ**です。

> 参考：「AWSアカウント作成の流れ」 https://aws.amazon.com/jp/register-flow/

　AWSアカウントを登録すると「ルートユーザー」が発行されます。ルートユーザーはLinuxでいうroot、WindowsでいうAdministratorであり、ルートユーザーにしかできない操作以外には使用しません。

　ルートユーザーからIAMユーザーを作成し、そのIAMユーザーで実際にAWSリソースの作成・削除を行います。それではこのルートユーザーで作業するのはどういったケースでしょうか。

ルートユーザーの使用ケース

　通常、ルートユーザーでは、AWSとの契約内容やAWSアカウント全体に影響する設定を行います。具体的には以下の作業です。

- ▶ **ルートユーザーの情報変更**
  - ▶ ルートユーザーのパスワード、メールアドレス、請求情報など
- ▶ **AWSサポートプランの変更**

- ▶ ベーシックサポート、デベロッパー、ビジネス、エンタープライズ On-Ramp、エンタープライズから選択
- ▶ **IAM ユーザーへ請求情報を参照する権限の付与**
- ▶ **AWS アカウントの解約**
- ▶ **メール送信制限の解除申請**
  - ▶ Amazon EC2 (以下、EC2) や AWS Lambda (以下、Lambda) から25番ポート経由でメールを送信する場合
- ▶ **DNS (*Domain Name System*) 逆引き申請**
  - ▶ ホスト名からIPアドレスへの逆引きが必要な場合

このうち、「IAM ユーザーへ請求情報を参照する権限の付与」は対応することが多いでしょう。AWSアカウントを登録(*ルートユーザーの発行*)後は、AdministratorAccess権限を付与したIAM ユーザーを作成しそのあとの作業(IAM ユーザー、AWS リソースの作成など)を行いますが、**請求情報の参照権限はルートユーザーで別途操作が必要**です。

参考：「アカウントの請求情報の表示をIAMユーザーに許可する」 https://aws.amazon.com/jp/premiumsupport/knowledge-center/iam-billing-access/

AWSアカウントを発行したら行うこと

ルートユーザーを日常的に使用しないこと以外にも、IAMではセキュリティのベストプラクティスをまとめています。2023年4月現在以下の設定が推奨されています。

- ▶ **人間のユーザーが一時的な認証情報を使用してAWSにアクセスするには、IDプロバイダとのフェデレーションの使用が必要**
- ▶ **AWSにアクセスするには、ワークロードがIAMロールを使用して一時的な資格情報を使用する必要がある**
- ▶ **多要素認証(MFA：*Multi-Factor Authentication*)が必要**
- ▶ **長期的な認証情報を必要とするユースケースのためにアクセスキーを定期的にローテーションする**
- ▶ **ルートユーザーの認証情報を保護し、日常的なタスクには使用しない**
- ▶ **最小特権アクセス許可を適用する**
- ▶ **AWS管理ポリシーの開始と最小特権のアクセス許可への移行**
- ▶ **IAM Access Analyzerを使用して、アクセスアクティビティに基づいて最小特権ポリシーを生成する**

- ▶ 未使用のユーザー、ロール、アクセス許可、ポリシー、および認証情報を定期的に確認して削除する
- ▶ IAMポリシーで条件を指定して、アクセスをさらに制限する
- ▶ IAM Access Analyzerを使用して、リソースへのパブリックアクセスおよびクロスアカウントアクセスを確認する
- ▶ IAM Access Analyzerを使用してIAMポリシーを検証し、安全で機能的なアクセス許可を確保する
- ▶ 複数のアカウントにまたがるアクセス許可のガードレールを確立する
- ▶ アクセス権限の境界を使用して、アカウント内のアクセス許可の管理を委任する

多要素認証の使用法

上記の中の「多要素認証（MFA）が必要」について説明します。そもそも認証には3要素あるといわれています。

- ▶ **知識要素**
  - ▶ 認証対象の人が知っているものであり、IDやパスワード、秘密の質問などが知識要素にあたる
- ▶ **所有要素**
  - ▶ 認証対象の人が持っているものであり、携帯電話やスマートフォンを使ったSMS認証やアプリ認証、トークンなどが所有要素にあたる
- ▶ **生体要素**
  - ▶ 認証対象の生体認証であり、顔や指紋、声紋、静脈、位置情報などが生体要素にあたる

多要素認証とは2つ以上の「要素」で認証を行うことです。通常AWSのマネジメントコンソールへログインする際は、AWSアカウントとIAMユーザー名、パスワードを入力します。しかしこの情報が漏れてしまうと第三者から不正アクセスされるかもしれません。AWSアカウントとIAMユーザー名、パスワードは知識要素での認証です。AWSではもう1つの認証要素として所有要素の、以下3種類のデバイスをサポートしています。

- ▶ **仮想MFAデバイス**
  - ▶ Google AuthenticatorやMicrosoft Authenticatorといったスマートフォンなどのデバイスにインストールして利用するアプリケーション
  - ▶ ルートユーザーやIAMユーザー単位で個別に認証する
  - ▶ 通常のログイン認証後に仮想MFAデバイスが発行するワンタイムパスワードで認証する

- ▶ **FIDO (*Fast IDentity Online*) セキュリティキー**
  - ▶ 専用端末をUSB接続し、認証を行う
  - ▶ 通常のログイン認証後にUSB接続したFIDOセキュリティキーをタップして認証する
- ▶ **ハードウェアMFAデバイス**
  - ▶ ワンタイムパスワードを発行する専用のハードウェアデバイス
  - ▶ 通常のログイン認証後にハードウェアMFAデバイスが発行するワンタイムパスワードで認証する

iPhoneやAndroid端末にアプリケーションをインストールして利用する仮想MFAデバイスが最も手軽で一般的です。より高いセキュリティを目指す場合は、FIDOセキュリティキーやハードウェアMFAデバイスを利用するとよいでしょう。ただし、対象のユーザー数によってはデバイスの管理が問題になる可能性があります。紛失・故障の対応や発行までのリードタイムを鑑み、適切なMFAを選択しましょう。

そのほかの項目の詳細は「参考」の「IAMでのセキュリティのベストプラクティス」を確認してください。

> **参考：「IAMでのセキュリティのベストプラクティス」** https://docs.aws.amazon.com/ja_
> jp/IAM/latest/UserGuide/best-practices.html

AWSアカウントの運用例

単一のAWSアカウントで運用する

複数のプロジェクトや環境を作ることが想定されている場合、AWSでは複数のAWSアカウントで運用することを推奨していますが、1つのAWSアカウントで運用することもあります。その際はプロジェクト間や環境間で不要な通信が発生しないように設計します。特に**本番環境で想定外の通信や作業を行わないようにすること**が肝心です。

単一のAWSアカウントで運用する際の設計例や注意点は以下のとおりです。

- ▶ **ネットワーク**
  - ▶ VPCをプロジェクトや環境で分け、通信が影響しないようにする
- ▶ **タグの活用**
  - ▶ 操作対象を間違えないように「Name」タグやリソース名、設定名でプロジェクトや環境の違いがわかるようにする

> ▶ **アクセス制御**
>> ▶ VPCに関連のないAWSサービスの場合、IAMで権限を設定し影響範囲を限定する
> ▶ **サービスクォータ**
>> ▶ リージョン内の各サービスの制限に注意する

4つ目のサービスクォータは、たとえばデフォルトのVPCのサービスクォータとして**リージョンごとにVPCは5つしか作成できない**という制限があります。リージョンごとのVPC数は上限緩和ができるクォータ（リージョンごとに最大100VPCまで）ですが、上限緩和のできないクォータもあるため、必ず使用するAWSサービスのクォータを「Service endpoints and quotas」で確認しましょう。

AWSアカウントが1つであれば登録する請求先も1つで、管理が楽になるメリットがあります。ただし、作成するリソースの増加に伴い、作業ミスが発生する可能性も増加することに注意してください。単一のAWSアカウントで複数プロジェクト・複数環境を運用する場合は、この作業ミスなどをいかに減らすかが設計のポイントになります。

使用するAWSサービスや作成するAWSリソースが少ない場合は単一のAWSアカウントで運用することもあるかもしれませんが、できる限りAWSアカウントを分けるようにしましょう。

> **参考：**「**Service endpoints and quotas**」 https://docs.aws.amazon.com/general/ latest/gr/aws-service-information.html

複数のAWSアカウントで運用する

複数のAWSアカウントをプロジェクトや環境で使い分ける場合、アカウントの統制とログインIDの統合を考慮します。

アカウントの統制とは、複数のAWSアカウントへ統一的なルールを適用することやログの一元管理を行うことです。AWSではAWS OrganizationsやAWS Control Towerを活用して実現します。

ログインIDの統合とは、それぞれのAWSアカウントでIAMユーザーを作成せず、1人に対して1つのIAMユーザーで複数AWS環境にアクセスすることです（**図3.1.1**）。

ログインIDの統合には、各環境のIAMロールで行う方法、AWS IAMアイデンティティセンター（AWS SSOの後継サービス）を活用する方法、GMO

▶ **図3.1.1 複数AWSアカウントのログインID統合**

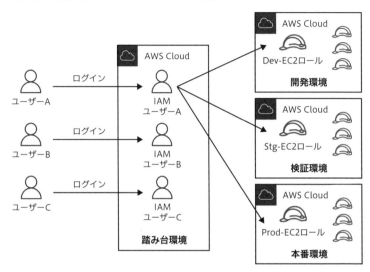

トラスト・ログイン（GMOグローバルサイン株式会社）やOkta（Okta Japan株式会社）などのIDaaS（*Identity as a Service*）を提供するサードパーティ製品を使う方法があります。

　プロジェクトで開発環境、検証環境、本番環境3つのAWSアカウントがある場合、それぞれでIAMユーザーやポリシーを設定・変更すると工数がかかるうえに設定漏れや間違いが発生する可能性があります。利用者側も接続する環境を間違えて作業するリスクがあるため、そのまま環境ごとにAWSアカウントを開設していくのではなく、うまくAWSサービスを活用して、アカウントの統制とログインIDの統合をするようにしましょう。

　また、複数の環境で同じ操作を手動で行わず、AWS CloudFormationなどの自動化サービスを有効活用するようにしてください。

ランディングゾーン

　システムは多くの場合、複数の環境を持ち、ほかのシステムと連携をするため、複数のAWSアカウントを運用することになります。アカウントの統制やログインIDの統合が大切とわかってはいても、その統制ルールを決めたり実装したりすることにハードルの高さを感じることでしょう。

　AWSではAWS Well-Architectedフレームワークに沿った、スケーラブルでセキュアに運用する複数のAWSアカウント環境を「ランディングゾーン」と呼びます。ランディングゾーンはAWSのマネージドサービスである**AWS Control Towerを利用する方法**と**AWS Organizationsを利用してカスタマイズする方法**があります。

　AWS Control TowerはAWSのWell-Architectedフレームワークに沿ったベストプラクティスをAWS環境へ適用します。たとえばルートユーザーのアクセスキー作成を許可しない、S3バケットへの書き込み権限をパブリックに許可しないなどのルールを自動適用できるため、積極的に利用していくとよいでしょう。

　AWS Organizationsは複数のAWSアカウントを組織として定義し、アカウントの一部またはすべてにサービスコントロールポリシー（SCP：*Service Control Policy*）と呼ばれるルールを適用できます。AWS Control Towerも内部では一部AWS Organizationsを使用しています。個別にカスタムルールを適用したい場合はAWS Control Towerを使用せず、AWS Organizationsで統合管理していくのもよいでしょう。

AWS Control Tower

　ガードレールという思想があります。これはシステムの入口や内部、出口にポイントを置いた従来のセキュリティ対策とは異なる思想です。もともとの設計思想から外れた設定の追加や変更がシステムのリリース後に起こらないように、ガードレールのような役割——コンプライアンスからはみ出る行為はガードレールで受け止め、もとの軌道に戻す——をシステムに持たせるものです。

　ガードレール思想では「予防」と「検知」が重要です。たとえば、

❶Amazon S3へ誤った公開設定をしないように、「予防」として限られたIAMユーザーのみにAmazon S3を操作する権限を付与し、

❷パブリック公開の設定をした場合はAWS Configのルールで「検知」して管理者へ通知、自動的に設定をもとに戻す

といったものです。

　ガードレールには「必須のガードレール」「強く推奨されるガードレール」

「選択的ガードレール」の3種類があります。このうち、デフォルトで有効になっているのは「必須のガードレール」です。「強く推奨されるガードレール」「選択的ガードレール」は、内容を確認したうえで必要に応じて有効にしてください。

> 参考：「Controls リファレンスガイド」 https://docs.aws.amazon.com/ja_jp/controltow
> er/latest/userguide/controls.html

AWS Control Towerを有効化すると、**表3.1.1**のAWSサービスやリソースが作成されます。

特筆すべきは自身で登録したAWSアカウントのほかにAWSアカウントが2つ、監査用とログアーカイブ用で作成されることです。この作成されたAWSアカウント内でも特定のAWSリソースが作成されます。

- ▶ **監査用のAWSアカウント**
  - ▶ ランディングゾーンすべてのアカウントへの読み書きアクセスを許可するように設計された制限付きのアカウント
- ▶ **ログアーカイブ用のAWSアカウント**
  - ▶ ランディングゾーン内のすべてのアカウントからのAPIアクティビティとリソース設定に関するログがアーカイブとして保存されるアカウント

AWS Control Tower自体に費用は発生しませんが、作成されたリソースやランディングゾーン内で使用するサービスの料金はかかります。自動でセットアップできる簡便さはありますが、その全体像を把握し、「予防」と「検知」のしくみを理解して運用していくようにしましょう。

> 参考：「AWS Control Tower とは」 https://docs.aws.amazon.com/ja_jp/controltowe
> r/latest/userguide/what-is-control-tower.html

AWS Organizations

一括でベストプラクティスな構成を作成できるAWS Control Towerに対し、一つ一つ構成をカスタマイズするのがAWS Organizationsです。AWS OrganizationsではAWSアカウントを管理するための最も大きなグループ「Organization（組織）」の中に管理アカウントを1つ置き、頂点となるrootの配下に管理対象のAWSアカウントを束ねる子グループ「Organization Unit（組織単位）」を配置します。

ポリシーベースの制御をOrganization Unitに付与し、そのOrganization

▶ 表3.1.1 AWS Control Tower で有効になるサービスやリソース

AWSサービス	リソースタイプ	リソース名
AWS Organizations	アカウント	audit、log archive
	OU	Security、Sandbox
	サービスコントロールポリシー	aws-guardrails-*
AWS CloudFormation	スタック	AWSControlTowerBP-BASELINE-CLOUDTRAIL-MASTER
	スタックセット	AWSControlTowerBP-BASELINE-CLOUDTRAIL、AWSControlTowerBP-BASELINE-CLOUDWATCH、AWSControlTowerBP-BASELINE-CONFIG、AWSControlTowerBP-BASELINE-CONFIG-MASTER（バージョン 2.6以降）、AWSControlTowerBP-BASELINE-ROLES、AWSControlTowerBP-BASELINE-SERVICE-ROLES、AWSControlTowerBP-SECURITY-TOPICS、AWSControlTowerGuardrailAWS-GR-AUDIT-BUCKET-PUBLIC-READ-PROHIBITED、AWSControlTowerGuardrailAWS-GR-AUDIT-BUCKET-PUBLIC-WRITE-PROHIBITED、AWSControlTowerLoggingResources、AWSControlTowerSecurityResources、AWSControlTowerExecutionRole
AWS Service Catalog	製品	AWS Control Tower Account Factory
AWS Config	アグリゲータ	aws-controltower-ConfigAggregatorForOrganizations
AWS CloudTrail	追跡	aws-controltower-BaselineCloudTrail
Amazon CloudWatch	CloudWatch Logs	aws-controltower/CloudTrailLogs
AWS Identity and Access Management	ロール	AWSControlTowerAdmin、AWSControlTowerStackSetRole、AWSControlTowerCloudTrailRolePolicy
	ポリシー	AWSControlTowerServiceRolePolicy、AWSControlTowerAdminPolicy、AWSControlTowerCloudTrailRolePolicy、AWSControlTowerStackSetRolePolicy
AWS IAM Identity Center	ディレクトリグループ	AWSAccountFactory、AWSAuditAccountAdmins、AWSControlTowerAdmins、AWSLogArchiveAdmins、AWSLogArchiveViewers、AWSSecurityAuditors、AWSSecurityAuditPowerUsers、AWSServiceCatalogAdmins
	許可セット	AWSAdministratorAccess、AWSPowerUserAccess、AWSServiceCatalogAdminFullAccess、AWSServiceCatalogEndUserAccess、AWSReadOnlyAccess、AWSOrganizationsFullAccess

Unitに属するAWSアカウントの権限を一元管理できます。Organizationと
Organization Unit、Organization Unitに属するAWSアカウントはツリー状
の構造で表されます（**図3.1.2**）。

　AWS Organizationsはファイルシステムに似ており、上位Organization Unit
の設定は下位Organization Unitに引き継がれます。なお、**最初に
Organization（組織）を作成したAWSアカウントが管理アカウント**です。
管理アカウントはOrganization（組織）内に1つのみ存在し、それ以外のAWS
アカウントはすべてメンバーアカウントとなります。すべてのAWSアカウ
ントの請求先は管理アカウントです。どのAWSアカウントを管理アカウン
トにするかは前もって検討しておきましょう。

AWS IAM

　IAMは「認証」と「認可」の機能を提供するAWSのサービスです。認証とは
本人であることの確認でありIAMユーザーで設定し、認可とはリソースに
対する権限の付与でありIAMポリシーで設定します。IAMの主な機能は以
下の4つです。

▶**図3.1.2**　AWS Organizationsのツリー構造

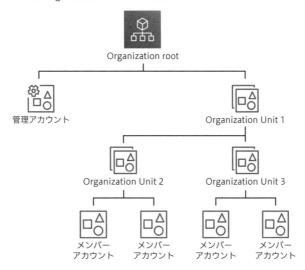

▶ **IAM ユーザー**
  ▶ 複数人で使いまわしをせず、必ず利用者ごとに作成する
  ▶ 「人」がID・パスワードでマネジメントコンソールにアクセスする場合と、「プログラムなど」がアクセスキー・シークレットアクセスキーでAWSへアクセスする場合の2パターン

▶ **IAM グループ**
  ▶ 同一の役割を持つIAMユーザーをグループ化する
  ▶ IAMユーザーは複数のIAMグループに所属できる

▶ **IAM ポリシー**
  ▶ IAMユーザーやIAMグループ、IAMロールへ許可または拒否の権限を付与する（通常、IAMユーザーではなくIAMグループやIAMロールに付与する）
  ▶ 「Resource（どのAWSリソースに対して）」「Conditions（どんな条件で）」「Action（許可または拒否する対象のリソースと動作）」「Effect（許可または拒否）」をJSONで記述する（ビジュアルエディタで選択することもできる）

▶ **IAM ロール**
  ▶ 通常はアクセス権のないIAMユーザーやAWSリソースに対して、一時的にアクセス許可を委任するしくみ
  ▶ IAMポリシーと信頼関係（信頼ポリシー）で構成される

IAMポリシーの設計の進め方

　AWSで「認可」の部分を受け持つのがIAMポリシーです。**デフォルトではすべてのリクエストは「拒否」**されるため、明示的にIAMポリシーで「許可」を設定していきます。

　IAMポリシーには6つのポリシータイプがあります。

▶ **アイデンティティベースのポリシー**
  ▶ アイデンティティ（IAMユーザーやIAMグループ、IAMロール）にアタッチする
  ▶ 再利用できる管理ポリシー（AWS管理ポリシーとユーザー作成のカスタマー管理ポリシー）と、アイデンティティに直接定義するインラインポリシーがある（インラインポリシーではなく、管理ポリシーを使うことを推奨）

▶ **リソースベースのポリシー**
  ▶ Amazon S3などのAWSリソースにアタッチする

▶ **アクセス許可の境界**
  ▶ IAMユーザーやIAMロールに対して権限の上限を設定する
  ▶ IAMポリシーの内容とアクセス許可の境界の設定内容で、両方に許可されているアクションが実行できる

▶ **サービスコントロールポリシー**
  ▶ AWS Organizationsで管理されるポリシー

- ▶ **アクセスコントロールリスト（*Access Control List*）**
  - ▶ Amazon S3やAWS WAF、Amazon VPCで使用されるポリシー
- ▶ **セッションポリシー**
  - ▶ 一時的にセッション単位でアクセスを許可するポリシー
  - ▶ AssumeRole、AssumeRoleWithSAMLなどのAPIを使用する

この6つのポリシータイプのうち、アクセスコントロールリスト（ACL）以外は**図3.1.3**の順で評価されます（同一AWSアカウント内のリクエスト）。

すべての評価するポリシーの中で、明示的な拒否があればその拒否の設定が適用されます。そのあとはサービスコントロールポリシー、リソースベースのポリシー、アイデンティティベースのポリシー、アクセス許可の境界、セッションポリシーと順に評価され、**明示的に許可されていない場合は暗黙的に拒否**されます。

リソースベースのポリシーに許可がある場合、最終的な可否はプリンシパル（IAMユーザーやIAMロール、アプリケーションなど）によって異なります。詳細は「参考」に示す「IAMでのポリシーとアクセス許可」や「ポリシーの評価論理」をご確認ください。

このポリシーの評価理論から、禁止にしたい行為や設定——たとえば、特定のIPアドレスからしかマネジメントコンソールの操作ができない、Amazon S3にパブリックな書き込み権限を付与しないなど——は、いずれかのポリシータイプで明示的に拒否するとよいことがわかります。

拒否設定に加え、通常はリソースベースのポリシー（対象がAWSリソース）やアイデンティティベースのポリシー（対象がIAMユーザーやIAMロール）で最小アクセス権限となるよう、明示的に許可します。

後先考えずにポリシー設定を追加していくと、最終的に許可されるのか、拒否されるのかがわかりにくくなります。想定どおりの状況となるよう、IAMポリシーは適切に設定・管理していきましょう。

> **参考：「IAMでのポリシーとアクセス許可」** https://docs.aws.amazon.com/ja_jp/IAM/latest/UserGuide/access_policies.html
>
> **「ポリシーの評価論理」** https://docs.aws.amazon.com/ja_jp/IAM/latest/UserGuide/reference_policies_evaluation-logic.html

▶ 図3.1.3　ポリシーの評価論理フロー

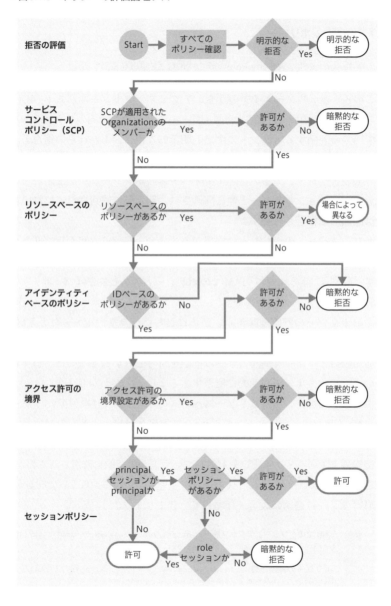

IAMグループやIAMロールの設計例

IAMポリシーはIAMユーザーやIAMグループ、IAMロールに付与できますが、基本的に**AWSリソースへのアクセスはIAMグループかIAMロールで制御**します。IAMポリシーはIAMグループかIAMロールどちらかに付与する、というわけではなく、範囲を決めてどちらも活用するのがよいでしょう。

IAMグループやIAMロールの設計観点は以下のとおりです。

- ▶ **IAMユーザーを複数グループに所属させるか**
  - ▶ IAMユーザーが複数のグループに所属することで必要最低限の変更でアクセス権限を付与できるメリットがある一方、意図しないアクセス権限をグループから付与される可能性に注意する
  - ▶ IAMユーザーが単一のIAMグループに所属する場合のメリットは、ユーザーにどんな権限が付与されているかわかりやすいこと。デメリットとしては複数のIAMグループまたは全体の修正を行う場合に抜け漏れが発生する可能性があること

- ▶ **IAMグループでどの範囲を許可するか**
  - ▶ IAMロールを使用しない場合は、すべてのアクセス権限をIAMグループで設定する
  - ▶ IAMロールを使用する場合は、必要最低限のアクセス権限——パスワード変更ポリシーや切り替え先のロールを指定するポリシーなど——をIAMグループに設定する

- ▶ **IAMロールでAWSリソースに対するどんなアクションを許可するか**
  - ▶ 必要最低限のアクセスとなるよう、IAMロールにIAMポリシーを設定する

たとえばIAMロールの使用可否で分けた対応例を**表3.1.2**に示します。どちらの例も開発者AはEC2を起動・停止など操作でき、運用者Bは起動・停止はできませんがEC2の一覧を表示できます。

上記はどちらも複数のIAMグループに所属させることを前提としていますが、1つのIAMグループで運用する場合は、すべてのAWSリソースに対する読み取り権限を各グループに付与します。

前述の「参考」の「IAMでのセキュリティのベストプラクティス」にも「AWSにアクセスするには、ワークロードがIAMロールを使用して一時的な資格情報を使用する必要があります」という項目があります。できる限りIAMロールを活用して、セキュリティを高めるとよいでしょう。

▶表3.1.2 IAMロールを使用する場合と使用しない場合の設定比較

設計観点	IAMロールを使用しない場合の設定例	IAMロールを使用する場合の設定例
IAMユーザーを複数グループに所属させるか	すべてのIAMユーザーをIAMグループ「All_ReadOnly_Group」に所属させる 開発者AをIAMグループ「Dev_Group」、運用者BをIAMグループ「Ope_Group」に所属させる	すべてのIAMユーザーをIAMグループ「All_ReadOnly_Group」に所属させる 開発者AをIAMグループ「Dev_Group」、運用者BをIAMグループ「Ope_Group」に所属させる
IAMグループでどの範囲を許可するか	すべてのIAMユーザーが所属するIAMグループ「All_ReadOnly_Group」にはすべてのAWSリソースに対して読み取り権限を付与する 「Dev_Group」にEC2の操作権限を付与、「Ope_Group」にはEC2の権限は付与しない	すべてのIAMユーザーが所属するIAMグループ「All_ReadOnly_Group」にはすべてのAWSリソースに対して読み取り権限を付与する 「Dev_Group」にはEC2操作権限を付与したIAMロール「EC2_Role」へ切り替えできる権限を付与する
IAMロールでAWSリソースに対するどんなアクションを許可するか	IAMロールは使用しない	IAMロール「EC2_Role」にはEC2の操作権限を付与する

3.2

システム構成図の描き方

　エンジニアは図を描いて説明することが多い職種です。しかし実際に描いた図が「わかりにくい」と相手に言われてしまう場合もあるでしょう。ここではAWSに限らず一般的な「図を描くこと」に焦点を当て、設計した内容が上司や顧客に伝わりやすくなるポイントを記載します。

図を描く前の注意点

　図を描く前に、まずは今から描こうとしている図が「誰に」「何をしてもらうため」のものなのかを明確にします。「誰に」については、見てもらう対象者がAWSやインフラ技術に詳しい人なのか、そうではないのか、「何をしてもらうため」については、たとえば単に成果物としての構成図なのか、何かを判断してもらうための図なのかで記載する内容が変わります。目的を明確にし、図を描いたあとにはその目的を満たせるものかどうかを必ず

確認しましょう。

　また図を描くにあたり、公式のアイコンを使用しましょう。AWSに限らず主要なハードウェア・ソフトウェア・クラウドベンダーでは、公式のアイコンセットを配布しています。フリーのアイコンサイトも多いですが、図のテイストが伝えたい主要なアイコンセットと異なるものを選ばないようにしてください。また著作権侵害にならないように注意しましょう。

　　参考：「AWS アーキテクチャアイコン」
　　　https://aws.amazon.com/jp/architecture/icons/

相手に伝わる図を描くためには

　パッと見で、伝えたいことが相手に伝わる図にするためのポイントは以下の4点です。

- ▶ **必要な情報だけ記載する**
- ▶ **アイコンや文字の大きさ・位置をそろえる**
- ▶ **左から右、上から下に情報が流れるようにする**
- ▶ **余白をしっかりとる**

　ひとつずつ見ていきましょう。

必要な情報だけ記載する

　「何を伝えたいか」によって記載する情報を精査します。たとえばネットワークのサブネット情報を伝える図に、セキュリティグループの情報を無理に入れる必要はありません（**図3.2.1**）。同様に、たとえば東京リージョンを利用するとわかっている場合には、わざわざリージョンの枠を記載しないようにします。特にネットワーク構成図で線が入り乱れて何を伝えたいのかがわからなくなっているものをよく目にします。**伝えたいことにフォーカスし、不要な情報は取り除く**ようにしましょう。

アイコンや文字の大きさ・位置をそろえる

　大きさや位置がそろっていないと情報がスッと入ってきません。まずは構成図上に必要なアイコンを大まかに並べたうえで、アイコンの大きさや位置

を調整しましょう（**図3.2.2**）。同様に、使用する色が多すぎるのも情報過多となり、伝えたいことが伝わりにくくなります。**強調色は1色とし、強調部分を限定**（1文すべてを強調色にしない）して全体をスッキリさせます。

左から右、上から下に情報が流れるようにする

　日本語は左から右（横書き）、上から下（縦書き）で読みます。図も同じように**左から右、上から下に流れるように**記載すると理解しやすくなります（**図3.2.3**）。可能な限り左から流れた図が途中で上下に移動したり、斜めに向かったりせずに記載しましょう。どうしてもうまく記載できない場合は、「必要な情報だけ記載する」状態になっているかどうか確認するとよいでしょう。

▶ **図3.2.1**　必要な情報だけ記載する

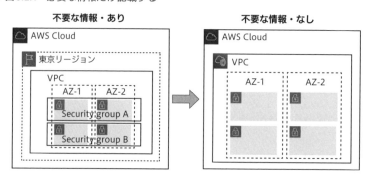

▶ **図3.2.2**　大きさ・位置をそろえる

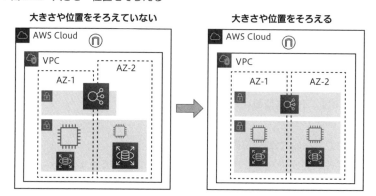

余白をしっかりとる

　記載内容が問題なくても、表示する範囲いっぱいに図や文字が記載されていると見にくくなり、結果的に見てもらえない・読んでもらえない図になります（**図3.2.4**）。テキストボックスであれば、文字の高さ×0.5〜1.0くらいの余裕が上下左右にあるとよいでしょう。図と図、全体の枠と中の図に関しても同様に、**一定の間隔で離す**ようにすると見やすい図になります。

システム構成図例

　図の基本的な描き方を学んだところで、実際のシステム構成図例を見てみましょう。構成図に正解はありませんが、より多くの構成図を見てどういう描き方であれば伝えたいことが伝わるのかを学ぶことが大事です。AWSでは「AWSリファレンスアーキテクチャ図」や「30の目的別クラウド構成と

▶**図3.2.3**　情報の流れる向きをそろえる

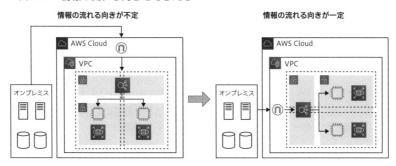

▶**図3.2.4**　余白をしっかりとる

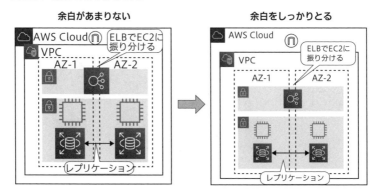

料金試算例」が参考になります。　またいわゆる AWS Black Belt と呼ばれる
「AWS サービス別資料」もあります。こちらは PDF 資料や SlideShare の資料、
YouTube 動画などで提供されています。AWS サービスの設計をする際は一
読するようにしましょう。

> **参考：「AWS リファレンスアーキテクチャ図」** https://aws.amazon.com/jp/architecture/
> reference-architecture-diagrams/?solutions-all.sort-by=item.
> additionalFields.sortDate&solutions-all.sort-order=desc&whitepapers-
> main.sort-by=item.additionalFields.sortDate&whitepapers-main.sort-
> order=desc&awsf.whitepapers-tech-category=*all&awsf.whitepapers-
> industries=*all&awsm.page-whitepapers-main=1
>
> **「30 の目的別クラウド構成と料金試算例」** https://aws.amazon.com/jp/cdp/
>
> **「AWS サービス別資料」** https://aws.amazon.com/jp/events/aws-event-
> resource/archive/?cards.sort-by=item.additionalFields.SortDate&cards.
> sort-order=desc&awsf.tech-category=*all

構成図例❶：アップロードした画像のサムネイル化とサーバレスな Web アプリケーション

　図3.2.5 は、アップロードした画像のサムネイル化とサーバレスな Web
アプリケーションのシステム構成図です。動きは以下のとおりです。

❶ユーザーは Web サイトの画面から写真を Amazon S3 へアップロードする
❷Amazon S3 へ画像がアップロードされたことを契機に Lambda が起動し、画像をサムネイル化したうえで別のバケットに格納する

▶ **図3.2.5　システム構成図例❶**

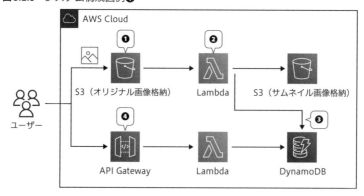

❸Lambda は画像の情報を Amazon DynamoDB（以下、DynamoDB）へ格納する

❹API Gateway ではリクエストをLambdaへ渡す。LambdaがDynamoDBから取得した情報をAPI Gatewayに渡し、HTMLの画面とともにユーザーへレスポンスを返す

システム全体としてはAWS CloudTrailやAmazon CloudWatch Logs（以下、CloudWatch Logs）、AWS WAFなども使用している想定ですが、ここではシステム内部の動きを説明するのに十分なアイコンだけを配置しています。

構成図例❷：災害対策サイトを大阪リージョンに構築する

図3.2.6は、災害対策サイトを大阪リージョンに構築するシステムの構成図です。動きは以下のとおりです。

❶大阪リージョンに東京リージョンと同じ構成を構築し、大阪リージョンではEC2やAmazon RDS（以下、RDS）を停止し費用を最小限にする

❷AWS BackupでEC2やRDSの日次バックアップを東京リージョンで取得し、大阪リージョンにコピーする

東京リージョンの大規模な災害などでサービスが提供できない場合は、大阪リージョンのリソースを起動し、Route 53を切り替えてサービスを継

▶**図3.2.6　システム構成図例❷**

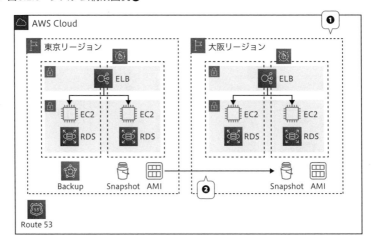

続させます。

構成図例❸：システムを監視し、メールやチャットへ通知する

図**3.2.7**は、システムを監視し、メールやチャットへ通知するシステム
の構成図です。動きは以下のとおりです。

❶**Amazon CloudWatch（以下、CloudWatch）やAmazon EventBridge（以
下、EventBridge）でシステム内の各種ログやイベントを集約する**

❷**CloudWatchアラームのアクションターゲットとしてAmazon SNS（以下、
SNS）を指定する**

❸**EventBridgeやSNSからのメッセージを受け取り、Lambda側で読みやす
いように整形、メールやGoogle Chat、Slackなどのチャットツールへ送信
する**

システムを運用するうえでは、障害やシステムの状態変化に迅速に気付
くことが大切です。送信されたチャットやメールからインシデント管理を
行うしくみを実装し、月次の集計や今後の改修計画に役立てるとよいでし
ょう。

▶**図3.2.7　システム構成図例❸**

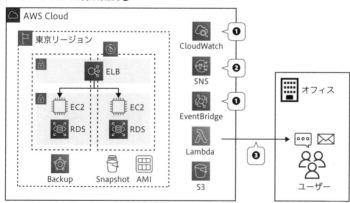

3.3

クラウドにかかるコストを見積もる

　AWSでは誰でも簡単にAWSにかかる費用を算出できます。「AWSを利用したいけれど、どのくらい費用がかかるのかわからない」「選定業者から届いた見積りが適正か、自分で確認したい」方に向けて、見積り方法や費用を抑えるポイントを記載します。

オンプレミスにかかる多大な費用

　基本的にクラウドでは初期費用がかからないため、オンプレミスより低い費用でシステムを構築できます。オンプレミスとクラウドの最も大きな違いは、クラウドでは物理環境を用意しない点です。そのため、以下に示すような物理機器にかかる費用は考慮しません。

- ▶ 物理機器自体の費用
- ▶ 機器を保管する場所・構築する場所の費用
- ▶ データセンターなどの運用場所に関連する費用
- ▶ 機器を処分する費用

　またAWSでは仮想マシンにOSのライセンス費用を含んでいるため、WindowsライセンスやRHEL（*Red Hat Enterprise Linux*）のサブスクリプションを購入する必要がありません。短期間の検証用途では、クラウドを利用すると最小の費用で実際にやりたいことに注力できます。

AWSの見積り

　多くのAWSサービスでは使った分だけ支払う「従量課金制」を採用しています。見積りの負担を軽減し、より正確な結果を出せるよう、見積り専用ツールのAWS Pricing Calculatorを利用しましょう。

AWS Pricing Calculatorとは

　AWS Pricing CalculatorはWebベースの見積りツールです。東京リージョ

ンでは約130種類のサービスの見積りに対応しており、Amazon VPC や EC2、RDS といった主要サービスが網羅されています。

　誰でも簡単に見積れるとはいえ、前提として入力する情報は必要です。通信量やデータ量など、場合によっては今の時点では判明していない情報もあるかもしれません。その際は見積提示時に「XXX は XXX の条件での見積り」と記載し、条件が判明したら再度見積りを更新するようにしましょう。

　また基本的には見積りの「上振れ（見積り額が当初より増えること）」を避けるため、**不明な部分はある程度余裕を持って大きく見積もっておく**とよいでしょう。システム構築では当初の見積りから構成や設計が変更されることは少なくありません。明確な費用が算出される AWS Pricing Calculator は、情報の出し方によっては問題となってしまう場合もあります。

AWS Pricing Calculatorの使い方

　「AWS Pricing Calculator」にアクセスします。英語など日本語以外の表示の場合、右上の言語リストから「日本語」を選択して日本語表記に変更しておきましょう（**図3.3.1**）。

　参考：「AWS Pricing Calculator」 `https://calculator.aws/#/`

　［見積りの作成］から AWS料金の見積りを作成できます（**図3.3.2**）。

　［サービスの選択］画面で見積もるサービスを選択します（**図3.3.3**）。提供しているサービスや費用がリージョンごとに異なるため、作成する先のリージョンを選択するようにしましょう。また［Find Service］欄に見積り対象のサービス名の一部を入力すると、必要なサービスを見つけやすくなります。

　表示されている各サービスの［設定］を押して、費用を見積もるための条

▶ **図3.3.1**　AWS Pricing Calculator で言語選択

件を入力していきます。必要な情報を入力すると月額の合計費用が自動的
に割り出されます(**図3.3.4**)。この操作を見積もるサービス分繰り返し、シ

▶ **図3.3.2** AWS Pricing Calculatorで見積り作成

▶ **図3.3.3** AWS Pricing Calculatorでサービスの選択

▶ **図3.3.4** AWS Pricing Calculatorの見積り一覧

ステム全体の費用を算出します。

見積り内容はAWSパブリックサーバ上に一定期間(3年)保存されるため、CSV(*Comma-Separated Values*:カンマ区切り)形式やPDF形式にエクスポートするだけではなく、見積り先のリンクからも費用を確認できます。

見積りの注意点

ほとんど費用がかからないからとあまり調査をせずにAWSを使っていると、料金が確定したときに思わぬ部分で発生している費用に驚かされます。以下の**よくある見落としがちな箇所**を確認し、費用を最適にする設計となるようにしましょう。

▶ **仮想マシン(EC2インスタンスやRDSインスタンス)の費用**
クラウドの費用で多く占めるのは仮想マシンといわれる。仮想マシン費用を削減するにはサーバレスにするか、リザーブドインスタンスやスポットインスタンスの利用(5.2節「Amazon EC2」の「インスタンスの費用削減」の項を参照)を検討する。それぞれの機能や制約を確認し、費用につられて可用性や性能の品質を大きく落とさないようにする

▶ **通信量(データ転送)にかかる費用**
たとえばAmazon S3ではインターネットからのデータ転送に費用はかからないが、アウトバウンドの通信(ダウンロードなど)に費用がかかる。またAWSのマネージドサービスのログはCloudWatch Logsへ出力するが、内容を精査せずに不要なログを出力するとデータ収集(取り込み)にかかる費用がかさむ(2023年4月現在、東京リージョンでは0.76USD/GB)

▶ **データ保存にかかる費用**
Amazon S3やAmazon EBS、CloudWatch Logsのデータ保存にかかる費用は1GBあたり1USD以下のため、通常使用する分にはそれほど費用はかからない。そのためあまり気にせずに多くのデータをAmazon S3に置いて削除しなかったり、AWS Backupで多数のバックアップを保存したりして費用が想定以上にかかることがある。ライフサイクルポリシーを設定し、古いデータは費用の安いストレージクラスに移動するなど、無駄な費用を発生しない設計にする

また、定期的にAWS費用を「請求ダッシュボード」から確認しましょう。IAMユーザーが請求情報を見るためにはルートユーザーからの権限委譲が必要です。ルートユーザーでログインし、請求およびコスト管理コンソールで、[IAM User and Role Access to Billing Information(IAMユーザー／ロールによる請求情報へのアクセス)]設定を有効にします。また権限を委譲するIAMユーザーに以下のポリシー(最低限のみ記載)を付与します。

▶ **aws-portal:ViewBilling（請求およびコスト管理コンソールページの表示）**

▶ **aws-portal:ModifyBilling（請求およびコスト管理コンソールでの変更）**

13.1節の「AWS費用の監視」の項でAWSにかかる費用を監視し、設定した閾値に達すると通知する設定方法を記載しています。こちらも併せてご確認ください。

見積り例

Windowsの社内システムをクラウドに移行する

オンプレミスで運用していたWindowsサーバベースの社内システムをAWSに移行する場合の構成例です。

図**3.3.5**の構成では毎月の料金として2,520.10ドルがかかります。

見積り条件は以下のとおりです。

▶ **Web/APサーバ2台**
  ▶ EC2（m5.large）
  ▶ 100GBの汎用SSDボリューム
  ▶ スナップショット（スナップショットごとの差分を1GBとする）
▶ **DBサーバ2台**
  ▶ RDS for SQL Server（db.r5.large）
  ▶ 500GBの汎用SSDストレージ

▶**図3.3.5** AWS Pricing Calculatorの見積り例

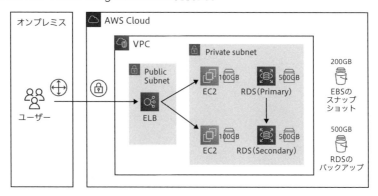

- ▸ バックアップ（リージョンの総データベースストレージ量100％に達するまで無料）
- ▸ **ロードバランサ**
    - ▸ ELB
    - ▸ 0.5ロードバランサキャパシティユニット（LCU）（1時間あたり0.5GB処理）
- ▸ **オンプレミスとの接続**
    - ▸ AWS VPN

第4章

ネットワーク設計

オンプレミスでもクラウドでも、インフラを理解するうえでネットワークは欠かせません。AWSのネットワークはオンプレミスの考え方をベースとしながらも、クラウドならではの拡張性と耐障害性、高セキュリティな構成を安価で実現できます。オンプレミスとは異なる点やクラウドでの制限、注意点を整理していきましょう。

4.1

AWSのネットワーク設計

　クラウドはIaaS、PaaS、SaaSとさまざまなサービス提供形態があります。そのどれを利用する場合でも、物理機器のサービスを利用しない限り、ネットワーク機器やサーバ機器などの物理設計は不要です。しかしクラウドならではの検討事項があります。

　本節ではAWSでシステム構築をするにあたり、ネットワークに焦点を当ててオンプレミスと比較した設計観点を記載します。

オンプレミスとは異なる設計の注意点

　まず初めにネットワーク設計においてオンプレミスとAWSで異なる点を整理しましょう。最も大きな違いは、ネットワークアドレスやIPアドレスの設計をオンプレミスほど詳細に行わなくてもよいことです。オンプレミスでは「ネットワークアドレスは変更できない」からこそ、慎重に用途を絞り、拡張性も考慮したうえで設計します。

　しかしAWSではマネージドサービスが使用するIPアドレス分を大きく確保しなければならないうえ、作成済みのVPCやサブネットはあとから拡張可能（制限あり）なため、ある程度ざっくりと設計しても問題ありません。ネットワークでは通信経路やアクセス制御にフォーカスして設計します。

　そのほかの、オンプレミスとAWSでの主なネットワーク設計の違いを**表4.1.1**に示します。

AWSのネットワーク構成要素

リージョンとアベイラビリティゾーン

　クラウドといっても必ずどこかに物理のサーバが存在します。AWSではその物理サーバが置かれる**1つ以上のデータセンターの塊をアベイラビリティゾーン（AZ）**と呼び、**複数のAZを含む地理的エリアをリージョン**と呼んでいます（**図4.1.1**）。2023年4月時点では全世界に31リージョン、99アベイラビリティゾーンが存在します。

▶ **表4.1.1** オンプレミスとAWS（クラウド）のネットワーク設計比較

設計項目	オンプレミス	AWS（クラウド）	備考
ネットワークアドレスの範囲	構築するシステムによってはIPアドレスを割り当てるホスト数を厳密に算出し、最小限のネットワークアドレスを払い出す	AWSマネージドサービスで使用される分があり、サブネットのサブネットマスクは/24までを推奨（IPv4の場合、VPCもサブネットも/16〜/28が範囲）	マネージドサービスで必要になるIPは、各AWSサービスの説明資料を確認する
セグメントの設計	場所的観点（○階や○○室）、利用用途（サービスLAN、運用LAN、監視LANなど）でセグメントを分ける	インターネットアクセス・外部システムとの接点有無、ルーティングポリシーでセグメントを分ける	帯域は10Gb/sから用意されており、セグメントを分割しなくても十分に通信量を確保できる。必要に応じて帯域の広いインスタンスを選択する
IPアドレスの設計	サーバは若番、ネットワークは老番からIPアドレスを振る、同じサーバやネットワーク機器は第4オクテットのアドレスをそろえるなど、プロジェクトによってルールあり	特定のIPは予約されており使用できない。IPアドレスを固定して使わず、ホスト名によるアクセスを基本とする	マネージドサービスのIPは変わることが前提。また固定していないEC2インスタンスなどのプライベートIPアドレスは変更できない
名前解決	システム内は内部DNSサーバを立てるか、各サーバのhostsファイルを利用し名前解決を行う	AWSでは自動でパブリックのDNS名が割り当てられ、マネージドのDNSで名前解決する。独自に取得したDNS名はRoute 53で管理・名前解決する	AWSで持つDNS名でアクセスするため、ホスト名もそれほど重要視されない
時刻同期	システム内の時刻が一意になるように同一のNTPサーバを割り当てる。インターネットにアクセスできないセグメントのサーバやネットワーク機器は、システム内に建てたNTPサーバへアクセスし、時刻同期する	Amazon Time Sync Serviceと時刻同期する（インターネットアクセス不要）	マネージドサービスへ個別にNTPを設定できないため、EC2インスタンスなどもAWSの用意するAmazon Time Sync Serviceを利用する

参考：「**AWSグローバルインフラストラクチャ**」 https://aws.amazon.com/jp/about-aws/global-infrastructure/

　日本人が作る・日本人向けのシステムは東京リージョン（ap-northeast-1）または大阪リージョン（ap-northeast-3）に作成するのが一般的です。場合によってはほかのリージョンの利用も選択肢になりますが、提供されるサービスや費用はリージョンごとに細かく異なるため選定には注意が必要です。また大阪リージョンはもともとバックアップ用途で作成された経緯があり、機能制限があります。使えるAWSサービスや機能・制限は必ず確認しましょう。

▶**図4.1.1** リージョンとAZ

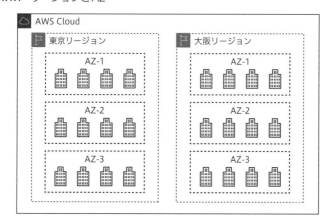

このリージョンやAZの概念は、可用性・事業継続性の設計に影響します。実際のデータセンターの場所は公開されていませんが、それぞれのAZは数キロ〜100キロの距離にあるとのことなので、通常はサービスの可用性を高めるために2つ以上のAZにまたがったシステム構成とします。また、事業継続性を持たせるためにメインを東京リージョン、東京リージョンの大規模な障害時は大阪リージョンなどと、別リージョンにBCP（*Business Continuity Plan*）サイトを構築する場合もあります。

ただし複数リージョンを利用する際には以下の点に注意してください。

▶ **該当リージョンで使用したいサービスがあるか確認する**

AWSでは展開するサービスをリージョン単位で定義している。BCPサイトとして他リージョンを選定する前に、該当リージョンでサービスが使用できるか、使用するのに制限がないかはあらかじめ確認する

▶ **データが保管される国や法律を意識する**

基本的に日本国内向けのサービスは、国内のリージョンにデータを保管する。これは適用される法律がそのデータの保管場所によって変わるからである。日本の法律や法令ですら熟知したエンジニアはまれである以上、海外の法律や法令に対応するのは現実的ではない

2022年2月に日本では、従来の「Amazon Web Services, Inc.」（米国）ではなく、AWS Japan（アマゾンウェブサービスジャパン合同会社）と契約し、**自動的に日本準拠法が適用**されるようになりました。有事に知らない国の馴染みのない言語や法律で対応しなければならない状況に陥らないよう、デ

ータの保管場所や適用される法律・法令に注意しましょう。

VPCとサブネット

リージョンとアベイラビリティゾーンの次に覚えるべきは、VPCとサブネットです（**図4.1.2**）。VPCはリージョンごとのサービスであり、リージョンをまたいでの作成はできません。VPCのCIDR（*Classless Inter-Domain Routing*）内で作成されるサブネットのアベイラビリティゾーンを複数選択すると、簡単に可用性の高いネットワークを構成できます。

各サブネットCIDRブロックの最初の4つと最後のIPアドレスは使用できません。たとえばCIDRブロック「192.168.1.0/24」を持つサブネットの場合は、以下のIPアドレスが予約されています。

- ▶ **192.168.1.0：ネットワークアドレス**
- ▶ **192.168.1.1：VPCルータ用（AWS予約枠）**
- ▶ **192.168.1.2：DNSサーバ用（AWS予約枠）**
- ▶ **192.168.1.3：将来のために予約（AWS予約枠）**
- ▶ **192.168.1.255：ブロードキャストアドレス（ただしAWSではブロードキャストは使用されない）**

仮想マシンのサービスであるAmazon EC2（以下、EC2）は、このサブネット内に配置します。サブネットは、インターネットへのルートがあるパ

▶ **図4.1.2** VPCとサブネット

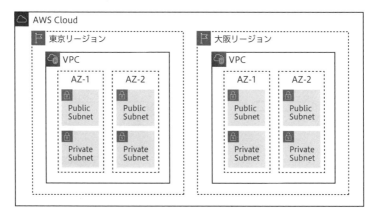

ブリックサブネット、インターネットへのルートがないプライベートサブネット、VPNのみのサブネットの3つに分類されます（**図4.1.3**）。

　この3つの分類はサブネット作成時に指定するものではなく、設定を追加したうえで概念として構成図にわかりやすく記載するものです。ひとつずつ必要な設定を見ていきましょう。

▶ パブリックサブネット

デフォルトでは、サブネットへVPCのメインルートテーブルが関連付けられる。VPCのメインルートテーブルにはVPC内のトラフィックを転送するルートのみが記載されており、インターネットに出るためには、❶VPCへインターネットの出口（インターネットゲートウェイ）を作成してアタッチし、❷サブネットのルートテーブルにインターネットへのルート（図4.1.3左側の「INETゲートウェイ」）を追加する。パブリックサブネットでは、ネットワークACLやセキュリティグループの設定を追加し、高セキュリティを担保する

▶ プライベートサブネット

一般的にEC2インスタンスやAmazon RDS（以下、RDS）はプライベートサブネットに配置し、インターネットから直接アクセスできないようにする。パブリックサブネットに記載の手順を踏まない限り、作成されたサブネットはすべてプライベートサブネットとなる。

ただし、パッケージの追加・更新やセキュリティ製品のアップデートなど、インターネットにアクセスしなければならないシナリオもある。その際はパブリックサブネットにNAT（*Network Address Translation*）ゲートウェイを追加し、プライベー

▶**図4.1.3**　3種類のサブネット

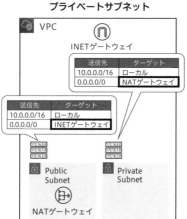
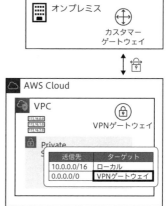

トサブネットからのアウトバウンド通信を可能にする（インターネットからのインバウンド通信は遮断される）。

NATゲートウェイではなくNATインスタンスを追加し、インターネットへ接続する方法もある。パブリックサブネットに配置したEC2インスタンスでIPフォワーディングやプロキシを構成し、パケット転送する

▶ **VPNのみのサブネット**

プライベートサブネット同様、インターネットへ直接接続するルートがなく、仮想プライベートゲートウェイを通して社内などの別サイトと接続するサブネット。VPCを複数作成し、VPC PeeringでPoint-to-Point接続したVPC同士の通信を許可できる。VPCの数が多い場合やリージョンをまたいだVPCへ接続する場合は、AWSトランジットゲートウェイを利用して構成をシンプルにし、高可用性を担保する

　オンプレミスのサブネット設計をそのままクラウドに持っていくよりも、外部ネットワークとの接続状況に応じて新たにクラウド向けのサブネット設計とするほうが構築や運用が楽になります。これはオンプレミスではネットワーク設計とアクセス制御が密接に結び付いている一方、AWSではネットワーク設計とは異なる概念・セキュリティグループでアクセスを制御できるからです。

　もちろんサブネット単位で設定するネットワークACLやVPC内外の通信を制御するAWS Network Firewallを中心にアクセス制御をしてもかまいません。ただし複数のアクセス制御を乱立させるとどこで制御されているかの把握が難しくなり、構築や更新作業で漏れやミスが発生しやすくなります。

セキュリティグループとネットワークACL、AWS Network Firewall

　ファイアウォールの機能をAWS上で担うのが、セキュリティグループやネットワークACL、AWS Network Firewallです。まずはそれぞれの違いを**表4.1.2**で確認しましょう。

▶ **表4.1.2**　セキュリティグループとネットワークACL、AWS Network Firewallの比較

比較項目	セキュリティグループ	ネットワークACL	AWS Network Firewall
適用先	インスタンス（EC2、RDSなど）	サブネット	サブネット
フィルタリング方式	許可リスト（インバウンド、アウトバウンド）	許可リスト・拒否リスト（インバウンド、アウトバウンド）	許可リスト・拒否リスト（インバウンド、アウトバウンド）
セッション状態	保持する（ステートフル）	保持しない（ステートレス）	保持する・しないを両方設定可能
ルールの適用方式	すべてのルールを適用	ルール番号の順に適用	ルール番号の順に適用

これら3つを要件や設計によって使い分けたり、組み合わせたりします。基本的には**AWS Network Firewall→ネットワークACL→セキュリティグループとフィルタの範囲を狭めて**シンプルな構成・運用にします。またAWS Network Firewallはドメイン名ベースでの許可・拒否を設定できます。ただしほかの2サービスと違って有料のため、インターネットや他サイトとの接続で特別な要件がない限りはセキュリティグループとネットワークACLの組み合わせが使われます。

オンプレミスとの比較でいえば、ネットワークACLはL3(L2)ネットワーク機器での制御、セキュリティグループは個々のサーバでのファイアウォールととらえるとわかりやすいです。セキュリティグループは同じセキュリティグループに属しているノード同士の通信でも、疎通させるにはそのセキュリティグループからの通信を明示的に許可する必要があります。ネットワークのような「範囲」ではなく、単なる「設定のグループ」だと思えば、こういった設定もすんなり納得できるでしょう。

一般的にセキュリティグループは通信要件で分けます。通信要件を整理するうえで必要なのは「ルートテーブル」の知識です。

ルートテーブル

オンプレミスでは、個々のサーバやネットワーク機器でルーティングテーブルを設定・管理します。AWSではVPC内の各サブネットに1つのルートテーブルが紐付けられており、複数のサブネットで設定を共有できます。つまりルートテーブルはセキュリティグループと同様、個々のサブネットに適用されているのではなく、設定のグループとして扱われているのです。

サブネット作成時にルートテーブルも作成され、追加の設定なくVPC内の通信は可能です。ルートテーブルの適用対象は「サブネット内にENI(*Elastic Network Interface*)を作成するサービス」です。そのためルートテーブルの設定はEC2やRDS、ELB(*Elastic Load Balancing*)だけではなく、VPCエンドポイント(次項で説明します)やVPC内のLambda、仮想プライベートゲートウェイなどにも影響します。

ルートテーブルの種類は大きく2種類に分けられます。VPCやサブネットが作成されると自動で付与されるメインルートテーブルと、ユーザーが作成するカスタムルートテーブルです。カスタムルートテーブルは関連付

けられる対象によって、「ゲートウェイルートテーブル」(関連付け対象は仮想プライベートゲートウェイまたはインターネットゲートウェイ)や「トランジットゲートウェイルートテーブル」「ローカルゲートウェイルートテーブル」と呼ばれます(この3種類以外のカスタムルートテーブルは単に「サブネットルートテーブル」です)。

ルートテーブルは1つ以上の送信先ネットワークアドレスと宛先(ターゲット)がセットで記載されたものです。複数のエントリがある場合はオンプレミスと同様、「ロンゲストマッチの原則」に従います。ロンゲストマッチとは、宛先のネットワークアドレスビット(プレフィックス長)が最も長く一致するルーティングテーブルのエントリが優先されるルールのことです。**図4.1.4**で説明すると、宛先10.1.1.10と一致するアドレスビット数はエントリ**❶**の10.1.1.0/24で28ビット、エントリ**❷**の10.1.0.0/16で23ビットのため、宛先10.1.1.10のパケットはトランジットゲートウェイへ送信されます。

ただし、以下の場合はロンゲストマッチの原則に従わず、静的ルートが優先されます。

- ▶ 仮想プライベートゲートウェイをVPCにアタッチし、サブネットルートテーブルでルート伝播(でんぱ)を有効にしている場合
- ▶ 伝播ルートの送信先が静的ルートと重複する場合
- ▶ ターゲットが、インターネットゲートウェイやNATゲートウェイ、ネットワークインタフェース、インスタンスID、ゲートウェイVPCエンドポイント、トランジットゲートウェイ、VPCピア接続、Gateway Load Balancerエンドポイントである場合

▶ **図4.1.4** ロンゲストマッチ

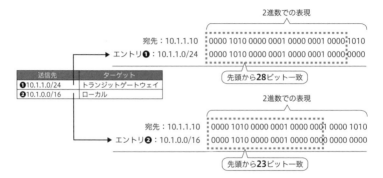

▶表4.1.3　VPCエンドポイントの種類と比較

項目	ゲートウェイエンドポイント	インタフェースエンドポイント	Gateway Load Balancerエンドポイント
ユースケース	Amazon S3 または Amazon DynamoDBへのトラフィックに使用	AWSの一部のサービスやAWSでホストされるサードパーティのサービス、サポートされているAWS Marketplaceパートナーサービスへの接続に使用	サードパーティのセキュリティサービスを提供するVPCへトラフィックをセキュアに送信し、インライン構成で検査する
費用	追加費用なし	処理するデータの合計(1PBまで0.01USD/GB)注a	0.014USD/h＋処理データ0.0035USD/GB注a
備考	ルートテーブルでAWSサービスへのルートを指定	VPCのプライベートIPアドレスを使用してアクセスする	VPCのプライベートIPアドレスを使用してアクセスする

注a　東京リージョン、1VPCエンドポイントあたり

VPCエンドポイント

　VPCエンドポイントは、異なるVPCやリージョンに配置されたAWSサービスへインターネットを経由せずに接続するサービスです。ゲートウェイエンドポイントとインタフェースエンドポイント、Gateway Load Balancerエンドポイントの3つの機能を提供しており、それぞれの違いは**表4.1.3**のとおりです。

　VPC内からAmazon S3へは、ゲートウェイエンドポイントでもインタフェースエンドポイントでもアクセスできます。ゲートウェイエンドポイントは費用がかかりませんが、セキュリティグループでトラフィックを制御できることからインタフェースエンドポイントで構成するほうが安全です。

Route 53

　Route 53はAWSで用意されているフルマネージドのドメインネームシステム(DNS)サービスです。Route 53はAWSで構築したシステムへインターネットを介してアクセスしたり、またはAWS内に構築したシステム内で名前解決したり、AWS内外どちらの名前解決にも使用できます。

Route 53でできること

　ドメインを登録して公開するまでの流れとRoute 53でできることの対比を、**表4.1.4**に示します。Route 53はコンソール上でドメインの購入から購入後の更新まで一貫してでき、運用・管理しやすいのが特徴です。

　ほかにもRoute 53の特徴として以下の4種類のヘルスチェックがあります。

▶**表4.1.4** Route 53の対応範囲

項目	Route 53での対応	備考
ドメイン名を決める	—	公開するシステムに即したドメイン名をユーザー側で決める。ドメイン名は世界で唯一のため、使用できるかの確認もする。Route 53で登録できるトップレベルドメインは、「参考」の「Amazon Route 53に登録できる最上位ドメイン」を確認すること
ドメインを取得（購入）する	一部可	ドメイン販売業者から購入したドメインをRoute 53で利用してもかまわない
レジストラへの情報送信	ドメイン登録中に実施	レジストリ（それぞれのトップレベルドメインを管理する機関）へレジストラ（レジストリへの登録を行う業者）経由で、作成したドメインのネームサーバ情報を登録する
ドメイン情報の更新	設定により可	通常1年更新のドメイン情報を自動更新できる

▶ **エンドポイントのモニタリング**
IPアドレスあるいはドメイン名で特定する単一のエンドポイントに対してヘルスチェックを行う

▶ **ほかのヘルスチェック結果をモニタリング**
たとえば複数台のWebサーバがあり、そのうちの2台に障害が発生した際に通知などの設定を行える

▶ **CloudWatchアラームをモニタリング**
アラームの状態ではなくデータストリームをモニタリングし、アラーム状態になるより早く異常検知を行う

▶ **Amazon Route 53 Application Recovery Controller（ARC）**
Route 53 ARCではフェイルオーバー先があらかじめ規定された状態であることを継続的にチェックし、そのヘルスチェック結果をもとにルーティング制御を行う

マルチリージョン構成の場合、Route 53でフェイルオーバー機能を実装して可用性を高めます。たとえばシングルリージョン、シングルAZでもELBを配置せずにRoute 53のフェイルオーバー機能を利用してWebサーバの可用性を高められますが、WebサーバへのエンドポイントとしてELBを用いるほうがトラフィックの監視やWAFの配置ができ運用・管理しやすくなります。

フェイルオーバー機能を実装するには、フェイルオーバーエイリアスレコードを作成し、レコードのルーティングポリシーに「フェイルオーバー」を指定します。フェイルオーバーレコードのタイプが「プライマリ」を指定しているレコードのエイリアス先がアクティブ側、「セカンダリ」を指定し

ているレコードのエイリアス先がパッシブ側（フェイルオーバー先）です。

参考：「Amazon Route 53に登録できる最上位ドメイン」 https://docs.aws.amazon.com/ja_jp/Route53/latest/DeveloperGuide/registrar-tld-list.html

Route 53のヘルスチェック

　Route 53のヘルスチェックは、世界各地に点在するヘルスチェッカーが複数で行います。Route 53は複数のヘルスチェッカーからの結果を集計し、基準値を18%としてそれより上回る場合は「正常」、下回る場合は「異常」と判断します。このしくみは複数リージョンで展開するサービスが一部のリージョンから到達できない状態になったとしても、ほかのリージョンから到達できればサービスとしては正常であると判断をするためにあります。

　エンドポイントをモニタリングする際のヘルスチェックは以下の3種類です。

▶ **HTTP/HTTPSヘルスチェック**
　Route 53がエンドポイントとのTCP接続を4秒以内に確立し、接続後2秒以内にHTTPステータスコード（2XXか3XX）を受け取った場合に「正常」と判断する

▶ **TCPヘルスチェック**
　Route 53がエンドポイントとのTCP接続を10秒以内に確立した場合に「正常」と判断する

▶ **HTTP/HTTPSヘルスチェックと文字列一致**
　Route 53がエンドポイントとのTCP接続を4秒以内に確立し、接続後2秒以内にHTTPステータスコード（2XXか3XX）を受け取るまではHTTP/HTTPSヘルスチェックと同じ。その後2秒以内にエンドポイントから本文を受信し、その本文中（最初の5,120バイト内）で指定した文字列が含まれている場合に「正常」と判断する

　たとえば単一のFQDN（*Fully Qualified Domain Name*：完全修飾ドメイン名）であるwww.example.comに複数のIPアドレスが登録されていてアクセスを分散させたい、またはフェイルオーバーさせたい場合、必ずヘルスチェックを行うようにしてください。ヘルスチェックをしない場合はそのレコードはいつでも「正常」と判断され、サービス利用できないIPアドレスがユーザーに通知される可能性があります。

　なお、通常のDNSサービスにはないRoute 53固有の機能として「エイリアスレコード」があります。エイリアスレコードではELBやAmazon S3などAWSリソースのIPアドレス変更を自動的に更新し、利用可能なIPアド

レスをユーザーへ応答します。エイリアスレコードには内部で切り替わる機能があるため、ヘルスチェックは不要です。

VPCフローログ

クラウドサービスを利用するとわかりにくくなるもののひとつとして、ネットワークトラフィックの状態があります。AWSではVPC内のネットワークインタフェースに流れる情報をキャプチャし、ログに記録する機能があります。監査に必要なログを出力する、またはうまく通信が通らない際のトラブルシューティングとして出力するとよいでしょう。

フローログは、❶フローログを取得するリソース、❷どんなトラフィックをキャプチャするか(許可、拒否、またはすべて)、❸フローログの出力先の3つを指定します。指定できるAWSリソースは、VPCやサブネット、ネットワークインタフェースを持つEC2やELB、RDS、NATゲートウェイなどです。ただし以下のトラフィックは取得できません。

- ▶ Amazon DNSサーバへ接続したときのインスタンスのトラフィック
- ▶ Windowsライセンスのアクティベーション用に生成されるWindowsインスタンスのトラフィック
- ▶ インスタンスメタデータ用に169.254.169.254との間で行き来するトラフィック
- ▶ DHCP (*Dynamic Host Configuration Protocol*) トラフィック
- ▶ ミラートラフィック
- ▶ デフォルトVPCルータの予約済IPアドレスへのトラフィック
- ▶ エンドポイントのネットワークインタフェースとNetwork Load Balancerのネットワークインタフェース間のトラフィック

出力先はCloudWatch LogsかAmazon S3を選択できます。キャプチャしたトラフィックにアラームを設定したい場合や一時的に確認したい場合はCloudWatch Logsを利用するとよいでしょう。Amazon S3へ送信すればAmazon Athenaでフローログの解析が簡単にできます。

4.2

外部システムとの接続方法

4.1節「AWSのネットワーク設計」では、AWS内のネットワークについて設計観点を解説しました。システムによってはアプリケーションの連携やファイルの送受信で、外部システムとAWS環境を接続することもあります。システム間の接続は大きく分けて、インターネットを経由する場合と専用線でつなぐ場合の2パターンがあります。インターネットを経由する場合は、以下のリスクがあることに注意しましょう。

▶ **盗聴のリスク**
インターネットは誰もがアクセスできるパブリックなネットワークである。社内への接続やシステム間の接続でインターネット経由になる場合は、必ず通信の暗号化を行うこと

▶ **不正アクセスのリスク**
DDoS (*Distributed Denial of Service*) 攻撃や不正アクセスが行われる可能性がある(DDoS攻撃は、大量のリクエストをWebサイトへ行い、ネットワーク帯域を逼迫させる、Webサイトを処理不能にする攻撃)。システムの接続点にはWAFやIDS/IPSなどのセキュリティ機能を持たせ、攻撃に備えること

本節ではAWS環境のプライベートIPアドレスを使ってセキュアに接続する2パターンの構成を紹介します。

AWSへVPNで接続する

4.1節の「オンプレミスとは異なる設計の注意点」の項でお伝えしたように、クラウドではサービス用、管理用、バックアップ用といったセグメント分けを基本的にしません。システムの管理・運用を行うにあたり費用を抑えたい場合はインターネット経由で踏み台サーバなどへアクセスし、そこから各サーバや他システムへアクセスします。または踏み台サーバを用意せず、AWS CloudShellやセッションマネージャー(AWS Systems Managerの機能)経由でアクセスする場合もあります。

よりセキュアにAWSに接続するには、仮想的に専用線を構築するサービスであるVPNサービスを利用します。AWSでは専用のVPNサービスであ

る AWS VPN（以下、VPN）が提供されており、「AWS Client VPN」と「AWS サイト間VPN」の2種類があります。まずはそれぞれの違いを**表4.2.1**に示します。

AWS Client VPNを使用してVPN接続する

AWSへ**デバイス単位で接続するには、AWS Client VPN** を使用します（**図4.2.1**）。Client VPN エンドポイントが接続するサブネットのプライベートIPアドレスを使用して、VPC内のリソースに接続できます。セキュリティグループやネットワークACLを設定し、不要な通信が発生しないように設計しましょう。

また AWS Client VPN は、あくまでデバイス単位での接続をセキュアにす

▶**表4.2.1** AWS VPN サービスの比較

項目	AWS Client VPN	AWS サイト間VPN
ユースケース	・拠点に縛られず AWS 環境にアクセスしたい	・Direct Connectのバックアップ回線にしたい ・スモールスタートしたい
場所の制約	・自宅や出先など社外からも AWS へ接続できる	・設定している拠点 (オンプレミス環境など)からのみ AWS へ接続できる
接続に必要な AWS リソース	・Client VPN エンドポイント[注a]	・トランジットゲートウェイ[注b] ・仮想プライベートゲートウェイ
接続する側で必要な設定	・接続するデバイスごとに OpenVPN のインストール ・必要に応じてクライアント証明書の配置	・拠点の IPSec 対応ルータで VPN 設定

注a　接続するサブネットに ENI　　注b　接続するサブネットにトランジットゲートウェイ ENI

▶**図4.2.1** Client VPN での接続

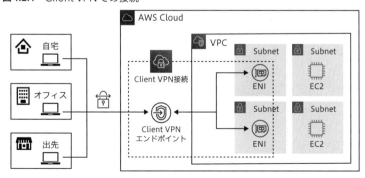

るものです。システム全体の連携といった大きな単位の接続には向いていません。**システム間の接続には、「サイト間VPN」**を使用します。

AWSサイト間VPNを使用してVPN接続する

AWSサイト間VPNを設定すると、VPCに関連付けられたトランジットゲートウェイや仮想プライベートゲートウェイを経由して、データセンターやオンプレミス環境へ接続できます（**図4.2.2**）。複数のVPCへ接続する場合には、各VPCの間にトランジットゲートウェイを置くと、接続先のVPCが増えた際の設定追加を簡単に行えます。

AWSへDirect Connectで接続する

AWSへセキュアに接続する方法として、AWS VPN以外にAWS Direct Connect（以下、Direct Connect）があります。

インターネット上で仮想的に「閉域的」なネットワークを確立してセキュリティを担保するVPNに対し、「AWSの閉域網」に接続するDirect Connectはよりセキュアで安定した接続を確立できます（**図4.2.3**）。**大量のデータをオンプレミス環境やデータセンターから連携する場合などは、Direct Connect**を利用します。

図4.2.3では、さらに複数のVPCに接続するためにトランジットゲートウェイを利用しています。トランジットゲートウェイは各VPCやVPN、Direct Connect間のトラフィックを管理・制御できます。

▶**図4.2.2** サイト間VPNでの接続

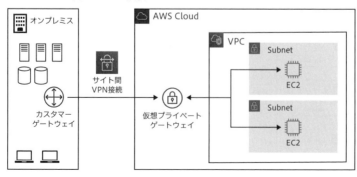

Direct Connectの契約

　Direct Connectは回線を用意する手続きがあり、導入に手間と時間がかかります。実際に利用したいときから逆算して、1〜2ヵ月前には準備を始めるようにしてください。

　図4.2.4のとおり、Direct ConnectはAWSに接続したいシステムのある場所（データセンターや企業の拠点）からAWSへは直接つなげられず、「相互接続データセンター」を経由することになります。Direct Connectとしてサービス提供しているのは相互接続データセンターからAWSまでであり、ユーザーは**外部システムから相互接続データセンターまでのネットワークを用意する**必要があります。

　一般的にDirect Connectは、Direct Connectを提供しているAPN（*AWS Partner Network*）パートナーを経由して契約します。ユーザーが用意しなければならない範囲もAPNパートナーのサービスで一緒に調達してくれるも

▶ **図4.2.3**　Direct Connectでの接続

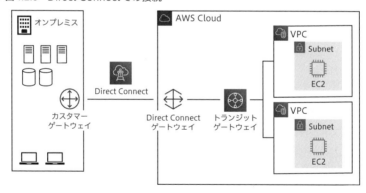

▶ **図4.2.4**　Direct Connectのサービス範囲とユーザーが用意しなければならない範囲

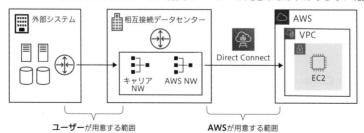

のがあるため、APNパートナーを選定する際はそれぞれの提供サービスを確認するとよいでしょう。

なお2023年4月現在、日本には相互接続データセンターが東京に2つ、大坂に1つの計3ヵ所あります。相互接続データセンターとそこでサービスを提供しているAPNパートナーは、「参考」の「AWS Direct Connectデリバリーパートナー」でご確認ください。

> **参考**:「AWS Direct Connectデリバリーパートナー」 https://aws.amazon.com/jp/direct
> connect/partners/?partner-solutions-cards.sort-by=item.additionalField
> s.partnerNameLower&partner-solutions-cards.sort-order=asc&awsf.partner
> -solutions-filter-location=*all

Direct Connectでは「専用接続」と「ホスト型接続」の2つの接続タイプを提供しています。AWS環境で複数のVPCと接続する場合や安定した広い帯域を必要とする場合は、専用接続のタイプを選択します。使用する帯域が狭く、小規模での利用であれば、ホスト型接続のタイプにすると費用が安くなります。

▶ **専用接続**
  ▶ 1つの物理ポートを占有する
  ▶ 1Gbps、10Gbps、100Gbpsの3種類(複数の物理回線を束ね(LAG)、帯域を増やすことも可能)
  ▶ 最大50個のプライベートまたはパブリック仮想インタフェース(VIF)と1個のトランジットVIFを利用できる

▶ **ホスト型接続**
  ▶ 1つの物理ポートを複数の顧客が共有する
  ▶ 50Mbpsから10Gbpsまで細かく帯域幅が用意されている
  ▶ 契約単位はプライベートまたはパブリック仮想インタフェース(VIF)

APNパートナーによって、相互接続データセンターで提供する接続タイプが異なります。こちらも「AWS Direct Connectデリバリーパートナー」や各APNパートナーの細かいサービス仕様でご確認ください。

Direct Connectの冗長化──障害発生箇所と対応法

Direct Connectは、物理的な冗長構成をユーザー側で選択するAWSサービスです。オンプレミスのときと同様、発生する障害箇所に応じて冗長構成をとります。具体的な障害発生箇所は**図4.2.5**のとおりです。

▶**図4.2.5** Direct Connectの障害発生個所

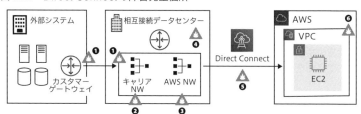

❶は、外部システムや相互接続データセンターで、ネットワーク機器の故障やポート障害、回線障害が発生する場合です。この障害に備えるには回線の二重化を行います。

❷は、相互接続データセンター内の通信キャリア設備内で、機器の故障や設定ミスが発生する場合です。この障害に備えるには❶の回線の二重化で複数のキャリアを利用し、別設備を利用するようにします。

❸は、相互接続データセンター内のAWS設備内で機器の故障や設定ミスが発生する場合です。この障害にユーザー側でできる対策はありません。AWS設備への接続先が別の物理ネットワーク機器となっているか、APNパートナーを通じて個別に確認しましょう。

❹は、たとえば電源の喪失や火災、地震、洪水などの天災被害などで、データセンターそのものが機能を停止する場合です。❶、❷の対策を行ってもデータセンター自体が利用できない場合は、通信に影響が出ます。この障害に備えるには、2つの異なる相互接続データセンターを利用します。

❺は、相互接続データセンターからAWSの各リージョンへの接続で、ネットワーク機器や回線に障害が発生する場合です。このパターンの障害が2021年9月2日に東京リージョンで発生しました。この障害に備えるためには、**AWSサイト間VPNを副回線として使う方法が推奨**されています。

❻は、各リージョンの一部、あるいはリージョン全体に影響する障害が発生する場合です。この障害に備えるにはほかのAWSサービスと同様、AWS環境に構築しているシステム自体をマルチAZ構成またはマルチリージョン構成とし、Direct Connectの接続もそれらの構成に対応させます。

AWSではこういったさまざまな障害に対応するベストプラクティスとして、以下の3点を推奨しています。

- ▶ 複数の相互接続データセンターに接続し、物理的な冗長性を確保する
- ▶ 冗長ネットワーク全体で自動ロードバランシング、自動フェイルオーバーを行う（APNパートナーのサービスで確認）
- ▶ 片方のネットワーク接続性が損なわれても、サービス継続に十分なネットワーク帯域を確保する

Direct Connectの冗長構成例❶──非クリティカルなワークロードでの構成

代表的なDirect Connectの冗長構成例を3パターン紹介します。

1つめは、外部システムから相互接続データセンターまでの回線を冗長化する構成です（**図4.2.6**）。単一の相互接続データセンターを利用するためデータセンター自体の障害には対応できませんが、コストを抑えられます。

Direct Connectの冗長構成例❷──クリティカルなワークロードで回復性のある構成

2つめは、外部システムから2つの相互接続データセンターへ接続する構成です（**図4.2.7**）。回線やネットワーク機器の障害に加え、データセンター自体の障害にも対応できます。

▶ 図4.2.6　非クリティカルなワークロードでのDirect Connectの冗長構成

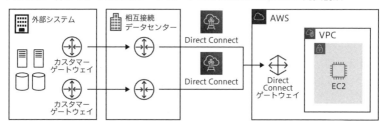

▶ 図4.2.7　クリティカルなワークロードで回復性のあるDirect Connectの冗長構成

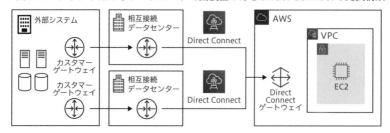

Direct Connectの冗長構成例❸──バックアップとしてサイト間VPNを使用する構成

　3つめは、Direct Connectの障害に備え、バックアップとしてサイト間 VPNを使用する構成です（**図4.2.8**）。サイト間VPNはVPNトンネルあたり 最大1.25Gbpsのスループットをサポートしています。トランジットゲート ウェイを併用し、複数のVPNトンネルで最大50Gbpsを実現できます（単一 のVPNトンネルは1.25Gbpsに制限）。

　2つの相互接続データセンターへ接続し、なおかつDirect Connectの障害 に備えてサイト間VPNをバックアップとして構成してもよいでしょう。こ こでは構成として紹介していませんが、東京リージョン全体の障害に対応 するためにマルチリージョン構成をとることもできます。いずれにしても 想定する障害に対し、どの程度の回復性を求めて費用をかけるのかを明文 化することが大事です。

▶**図4.2.8**　バックアップとしてサイト間VPNを使用するDirect Connectの冗長構成

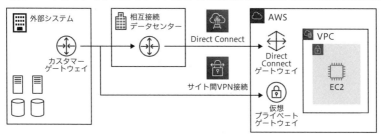

第 **5** 章

コンピューティング

AWSのコンピューティングサービスにはインスタンス（仮想マシン）で構成するAmazon EC2やAmazon Lightsail、コンテナ技術を使うAmazon ECSやAmazon Fargate、サーバレスのAWS Lambdaなど多種多様な選択肢があります。どんな基準で選んでいくとよいのでしょうか。違いを見ていきましょう。

5.1

コンピューティングサービスの種類と選択

AWSのコンピューティングサービス

　システムを作る場合、コンピューティングサービスは欠かせません。多数あるAWSのコンピューティングサービスのうち、選択肢に挙がりやすいサービスの違いを**表5.1.1**に示します。

　表5.1.1のうち、Amazon Lightsailは、Amazon EC2（以下、EC2）と似た環境を数クリックで構築でき、かつ月額3.50USDからとEC2よりもかなり低い料金で利用できます。ただしカスタマイズできる範囲がEC2を利用するよりも狭いことに注意してください。2017年に東京リージョンでサービス提供して以来（2023年4月現在、大阪リージョンでは未提供）、コンテナへの対応や可用性への課題対応などで本番システムでの利用もしやすくなっています。しかし、複雑な設定が必要なケースやアプリケーションで高いCPUパフォーマンスを求められる場合は、EC2でシステムを構成することが推奨されています。

　コンテナ技術を利用してマイクロサービスを構築する場合は、Amazon ECS（以下、ECS）やAmazon EKS（以下、EKS）を選択します。しかしコンテナ化に適していないサービスやコンテナへの知見が少ない場合は、仮想

▶ **表5.1.1**　AWSの主なコンピューティングサービス

カテゴリ	AWSサービス	サービスの説明
仮想マシン	Amazon EC2	VPC内に配置する仮想マシン。幅広いニーズに応えられる多種多様なインスタンスタイプがある
	Amazon Lightsail	EC2のようなネットワークなどの事前設定が不要で、数クリックでWebアプリケーションなどを立ち上げられる。コンテナ版もある
コンテナ	Amazon ECS	AWS独自のコンテナオーケストレーションサービス。実行環境にEC2かFargateを選択できる
	Amazon EKS	AWS上でコンテナ管理にKubernetesを利用するサービス。実行環境にEC2かFargateを選択できる
サーバレス	AWS Lambda	イベント駆動型のコンピューティングサービス。処理をJavaやPython、Node.jsなどで記載する

マシンである EC2 やサーバレスの AWS Lambda（以下、Lambda）を選択します。Lambda はコーディングが必要なものの、EC2 のように OS の構築や運用を考えなくてもよい利点があります。

　本章では仮想マシンのサービスとして EC2 を、コンテナのサービスとして ECS を中心に解説します。サーバレスのコンピューティングサービスである Lambda は次項と 11.1 節「ジョブ実行に関連するサービスの種類と選択」を参照ください。

Lambda

　EC2 などサーバを所有すると、OS の構築・運用、キャパシティやスケーラビリティの管理など、実際に処理をするアプリケーション以外の部分で多くの工数が割かれます。Lambda であれば、よりビジネスロジックに集中できます。キャパシティやスケーラビリティなどへの考慮が不要で、実際に使用した分だけ支払うサーバレスのメリットを享受できます。

Lambdaの特徴

　Lambda は、たとえば Amazon S3 へのファイル配置や Amazon DynamoDB テーブル更新をトリガに処理を始めるなど、イベント駆動型のアプリケーションを実装したいときに使いやすいサービスです。連携するサービスや Lambda の呼び出し方法の詳細は、「参考」の「他のサービスで AWS Lambda を使用する」をご覧ください。

　2023 年 4 月現在、Java や Go、Powershell、Node.js、C#、Python、Ruby、.NET Core の言語をサポートしています。複数の Lambda 関数で利用するようなライブラリは Lambda Layer へパッケージ化して、コードと一緒にアップロードします。

　なお Lambda 関数の **Duration（所要時間）は 900 秒（15 分）が上限**です。そのため、非常に大きなテーブルの検索やその後の処理で Duration が 15 分を超える場合は、処理を分割するか、AWS Batch などほかの手段を検討します。

　Duration（所要時間）は、あくまで記載したコードにかかる時間です。Lambda 関数が実行されるまでにコールドスタートと呼ばれる時間（コンテナの起動、S3 からのコードダウンロード、ENI の作成など）がかかります。実行後、一定期間起動したままのコンテナで再度 Lambda 関数が実行され

る場合はウォームスタートと呼ばれ、コールドスタートよりも短い時間で
Lambda関数が起動されます。

　コールドスタートを短くするには、VPC内にアクセスしない（ENI作成に
10〜30秒程度かかるため）、メモリを増やす（128MB〜10,240MBまでのメ
モリ量に比例してCPUも増加する）、コード量を削減するなどの対応が挙
げられます。

> **参考:**「他のサービスでAWS Lambdaを使用する」 https://docs.aws.amazon.com/ja_jp/
> lambda/latest/dg/lambda-services.html#intro-core-components-event-
> sources

Lambdaのセキュリティ

　Lambdaでは使用する言語のベストプラクティスに従うのはもちろんのこ
と、以下の項目に注意してセキュリティリスクを低減させるようにします。

- ▶ **IAMは最小権限とする**
  - ▶ 特定の条件下で特定のリソースに対して実行できるアクションのみを定義し、不要な権限は付与しない
  - ▶ 基本的には複数のLambda関数でIAMロールを共有しない
- ▶ **認証情報をハードコーディングしない**
  - ▶ パスワードなどは直接コードに記載せず、環境変数（AWS KMSでの暗号化）やAWS Systems Managerのパラメータストア、AWS Secrets Managerを利用する

Lambdaの監視

　通常、Lambda関数をデプロイすると自動でAmazon CloudWatch Logsと
連携します。コード中にログを出力する処理を追記してデバッグに役立て、
エラーを検知するようにCloudWatchアラームまたはサードパーティ製の監
視ツールで設定します。

　またLambda関数はレイテンシやエラー率などのメトリクスも自動で発
行します。エラーを検知できるようにアラームを設定するようにしましょ
う。特にDuration（所要時間）やThrottles（スロット：同時実行の上限を超
えて制限した数）は、システムを長く運用すると変わっていく可能性があり
ます。そのため、エラーが発生する前に適切に検知できるようにします。

5.2

Amazon EC2

EC2は、クラウドリフトでオンプレミスのサーバをクラウドに移行する先として選択することの多い仮想マシンサービスです。

インスタンスタイプの種類と選ぶ基準

オンプレミスでは、ハードウェアのアーキテクチャや構成に依存して、搭載できるCPUやメモリ、ディスクに制限がありました。EC2ではさまざまなユースケースに合わせて最適化されたインスタンスタイプを選択し、スペックを決めていきます。インスタンスタイプとは、CPU、メモリ、ストレージ、ネットワーク帯域を組み合わせたものです。

インスタンスタイプの種類

インスタンスは**図5.2.1**のような書式で記載されます。一般的には「インスタンスファミリー」を仮想サーバの機能や用途で選択、「世代」は最新、必要に応じて「追加機能」を選択、必要なCPUとメモリの組み合わせを「インスタンスサイズ」で選択していきます。

多数のインスタンスタイプから目的に合うものを選択するとき、最初に検討するのが「目的に合ったインスタンスのカテゴリとインスタンスファミリーはどれなのか」です。カテゴリはハードウェアの特性やEC2の利用用途で分かれています。

▶ **汎用**
　▶ CPUやメモリといったリソースのバランスが取れたインスタンスファミリー

▶ **図5.2.1**　インスタンスタイプの書式

m5a.large　❶インスタンスファミリー
❶❷❸　　❹　❷世代
　　　　　　　❸追加機能
　　　　　　　❹インスタンスサイズ

- ▶ 各リソースを同じ割合で使用するアプリケーションに最適
- ▶ バーストパフォーマンスインスタンス（のちほど「T系インスタンスの注意点」の項にて解説）が含まれる

▶ **コンピューティング最適化**
- ▶ 汎用インスタンスと比べるとメモリサイズが小さく設定されており、CPU負荷が高いアプリケーションを動かすサーバに最適

▶ **メモリ最適化**
- ▶ 汎用インスタンスと比べるとメモリサイズが大きく設定されており、大容量のメモリが必要でメモリ負荷が高いアプリケーションを動かすサーバに最適

▶ **高速コンピューティング**
- ▶ ほかのインスタンスタイプにはないGPUなどのハードウェアアクセラレータ（コプロセッサ）を搭載し、計算パフォーマンスが高い
- ▶ ソフトウェアをCPU上のみで実行するよりも効率的

▶ **ストレージ最適化**
- ▶ 数万IOPS（*Input/Output Per Second*）という低レンテンシーなランダムアクセスを実現
- ▶ 大量の読み取りや書き込みが必要な処理を行うサーバに最適

インスタンスファミリーは、カテゴリによって選択できるものが決められています（**表5.2.1**）。

一部のインスタンスタイプには追加機能があります。たとえばm5a.largeはm5.largeにaの追加機能が付加されているインスタンスタイプであり、複数の追加機能が付加されている場合はC6gm.largeのように、世代を表す数字のあとに複数の文字が追加されます。追加機能のアルファベットの意味を**表5.2.2**に示します。

▶ **表5.2.1** カテゴリとインスタンスファミリーの対応

インスタンスタイプのカテゴリ	選択できるインスタンスファミリー
汎用	Mac、T系、M系、A系
コンピューティング最適化	C系
メモリ最適化	R系、X系、High Memory系、z系
高速コンピューティング	P系、DL系、Trn系、Inf系、G系、F系、VT系
ストレージ最適化	I系、D系、H系
HPC（ハイパフォーマンス）最適化	Hpc系

▶ 表5.2.2　追加機能のアルファベットの意味

アルファベット	意味	インスタンス例
a	AMD CPU搭載	T3a、M5a、R5a
b	EBSパフォーマンスが高い	R5b
d	内蔵ストレージ（インスタンスストア）付加	M5d、C5d、R5d、Z1d
e	ストレージやメモリが追加される	X1e、I3en、D3en
g	AWS Graviton プロセッサ搭載（Arm Neoverse コアを採用したAWSのカスタムプロセッサ）	T4g、R6g、C6gn
i	Intel プロセッサ搭載	M6i、C6i、R6idn
n	ネットワークスループットが高い	M5n、C5n、R5n
z	周波数の高いコア搭載	M5zn

インスタンスタイプを選ぶときの注意点

　前述のとおり、基本的にそのサーバの使い方や機能から、インスタンスタイプのカテゴリやインスタンスファミリーを選択します。選択する際は以下の点に気を付けましょう。

▶ 多くのインスタンスタイプではインテルハイパースレッディング（HT）テクノロジが有効になっている

インスタンスタイプではvCPUとメモリの組み合わせが決まっている。そのため要求されるメモリ容量によっては必要としている数以上のvCPUのインスタンスタイプを選択することがある。OracleなどvCPU数でライセンス費用が変わる製品を利用する場合は、費用を削減するためにHTの無効化やvCPUのカスタマイズをするとよい。詳細は「参考」の「CPUオプションの最適化」を確認のこと

参考：「CPUオプションの最適化」 https://docs.aws.amazon.com/ja_jp/AWSEC2/latest /UserGuide/instance-optimize-cpu.html

▶ 変更できるインスタンスタイプに制限がある

スモールスタートが基本のクラウドでは、アクセス量や処理の増加をトリガにインスタンスタイプを変更するが、変更できるインスタンスタイプには制限がある。設計段階で今後求められるスペックを確認し、想定のインスタンスへ当初のインスタンスからスケールアップできるか、忘れずに確認する

マシンイメージの選択

　サーバを設計する際、必要な性能や機能を検討するのと同じように、使用するOSの選定も行います。EC2インスタンスはオンプレミスと異なり、OSのインストールメディアを用意する必要はありません。EC2インスタンスを起動する際に提供されているAmazon Machine Image（以下、AMI）を指

定するだけです。AMIとはインスタンスを起動するのに必要となるOSや
ボリューム、アプリケーションなどを含むテンプレートです。

またオンプレミスでRed Hat Enterprise LinuxやWindows OSを導入する
際には、サブスクリプションやライセンスの購入が必要でした。AWSでは
OSのライセンス費用はEC2の利用料金に含まれており、この点はクラウド
を利用する大きなメリットです。そのほかMicrosoft系ライセンスやすでに
購入済のライセンスの適用については、それぞれのアプリケーションによ
って定められている規定を確認しましょう。

AMIの種類

AMIはOSだけのものもあれば、WordPressやMySQLなどのアプリケー
ションを含み導入にかかる工数を削減できるものもあります。またAmazon
Linux 2やAmazon Linux AMIと呼ばれる、AWSがサポート・保守管理して
いる独自のLinuxイメージもあり、要件に合わせて使用するAMIを選定し
ます(**表5.2.3**)。

▶ **表5.2.3** AMIとOSの種類

AMIの種類	特徴	OS
クイックスタート AMI	AWSが用意しているAMI	Amazon Linux macOS Red Hat Enterprise Linux Microsoft Windows Server(英語版のみ) SUSE Linux Ubuntu Server Debian
自分のAMI	同じAMIを使用してインスタンスを複製する際に有用	ユーザー自身が作成したAMIのOS
AWS Marketplace AMI	AWSやサードパーティが提供するAMIで、データベースやアプリケーションがインストールされている	Amazon Linux macOS Red Hat Enterprise Linux Microsoft Windows Server(英語版のみ) SUSE Linux Ubuntu Server Debian CentOS Fedora
コミュニティAMI	任意のユーザーが作成したAMI	多種多様

オートスケールを活用し、可用性を高める

　インスタンスの負荷が増大したときに自動でインスタンスの性能や台数を増やす機能をオートスケールといいます。オートスケールには以下の2種類があります。

▶ **水平スケーリング**
　対象となるインスタンスの台数を増やして、処理を分散させて、システム全体の処理能力や可用性を向上させる。台数を増やすことをスケールアウト、減らすことをスケールインと呼ぶ（**図5.2.2**）

▶ **垂直スケーリング**
　対象となるインスタンスのCPUやメモリ、ディスク容量を増やして、システム全体の処理能力を向上させる。インスタンスタイプをより高いスペックへ変更することをスケールアップ、低いスペックへ変更することをスケールダウンと呼ぶ（**図5.2.3**）

　AWSでは、オートスケールするしくみとして各サービスで実装しているもの（たとえば「Amazon EC2 Auto Scaling」など）と、複数のサービスにまた

▶ **図5.2.2**　スケールアウトとスケールイン

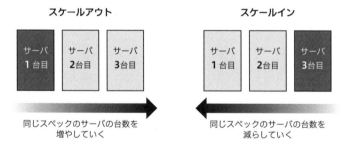

▶ **図5.2.3**　スケールアップとスケールダウン

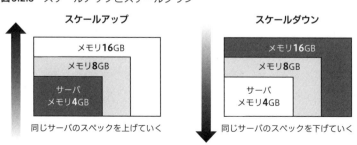

がって実装するもの（AWS Auto Scaling）があります。EC2インスタンスの
ように、サービスによっては停止した状態でスケールアップが必要なもの
もあります。使用するサービスのスケール方法はそれぞれ確認するように
しましょう。

EC2でオートリカバリ・オートヒーリングを活用し、保守性を高める

オートリカバリとは、基盤となるハードウェアに問題が起きEC2インス
タンスに障害が発生した場合に、自動で新しい物理ホスト上にEC2インス
タンスが再起動されるしくみです。2022年3月30日には、このオートリカ
バリはデフォルトで実行されるようになり、ユーザー側での設定が不要と
なりました。

インスタンス復元のトリガとなる障害は以下のとおりで、AWSの責任範
囲によるものです。

- ▶ ネットワーク接続の喪失
- ▶ システム電源の喪失
- ▶ 物理ホストのソフトウェアの問題
- ▶ ネットワーク到達可能性に影響する物理ホスト上のハードウェアの問題

復旧前後で、インスタンスIDやIPアドレス、インスタンスメタデータ
は変更されません。インスタンスに指定しているインスタンスタイプによ
ってはオートリカバリのサポートがされていないため、あらかじめ確認し
ておきましょう。

またオートリカバリと似たしくみに「オートヒーリング」があります。オ
ートヒーリングは、Auto Scalingによって指定したインスタンスの最少台数
を維持するしくみです。オートリカバリのトリガとなる障害に加えてOS層
の問題も検知し、Auto Scalingのヘルスチェックに失敗したEC2インスタ
ンスを削除・置換します。

別ホスト上で同じインスタンスが再起動するオートリカバリに対し、新
規でEC2インスタンスが起動するため、**インスタンスIDやプライベートIP
アドレス、メタデータなども問題が発生したインスタンスとは異なる**こと
に留意してください。

インスタンスの費用削減

EC2やAmazon RDS（以下、RDS）では仮想インスタンスを使用します。仮想インスタンスにかかる費用を削減すると、システム全体にかかる費用を大幅に改善できる可能性があります。削減対策としては、以下の案があります。

- ▶ **費用削減対策❶：リザーブドインスタンスの利用**
- ▶ **費用削減対策❷：Savings Plansの適用**
- ▶ **費用削減対策❸：スポットインスタンスの利用**

順に説明します。

費用削減対策❶：リザーブドインスタンスの利用

オンデマンドインスタンスの料金と比較して、リザーブドインスタンスでは時間単位のインスタンス費用を大きく削減できます。リザーブドインスタンスでは、1年や3年といった長期使用を約束します。通常、システムは3〜5年程度でリプレースが発生するため、大幅な負荷の増加によってインスタンスクラスを変更しない場合、またはその増加をオンデマンドインスタンスやスポットインスタンスで対応できる場合は、リザーブドインスタンスの利用を検討するとよいでしょう。

リザーブドインスタンスの費用は、以下の条件で決まります。

- ▶ **インスタンス属性**
  - ▶ インスタンスタイプ
  - ▶ リージョン
  - ▶ テナンシー（デフォルトの共有か専用か）
  - ▶ プラットフォーム（WindowsやLinux/UNIXなど）
- ▶ **コミットメント期間**
  - ▶ 1年または3年（1年は365日、3年は1,095日として定義）

またインスタンスタイプを変更しても、**表5.2.4**の正規化係数を使用して購入されたリザーブドインスタンスの割り引きを受けられます。たとえばt3.smallのインスタンスタイプでリザーブドインスタンスを購入した場合は、実際に起動したインスタンスがt3.microであれば2台分の割り引き

▶表5.2.4 途中でインスタンスサイズを変更した際に発生する割引額の変更比率

インスタンスサイズ	正規化係数
nano	0.25
micro	0.5
small	1
medium	2
large	4
xlarge	8
2xlarge	16
3xlarge	24
4xlarge	32
6xlarge	48
8xlarge	64
9xlarge	72
10xlarge	80
12xlarge	96
16xlarge	128
18xlarge	144
24xlarge	192
32xlarge	256
56xlarge	448
112xlarge	896

を、t3.mediumであれば50％の時間で割り引きを受けられます。

　リザーブドインスタンスはオンデマンドインスタンスと異なり、実際に使用しているかどうかは関係がなく、**購入した条件に応じて期間中の費用が発生**します。また1時間あたり3,600秒分をリザーブドインスタンスに適用でき、たとえば4台の適用対象インスタンスが15分ずつ起動していた場合の支払いに当てられます（それ以上使用した場合はオンデマンド料金が発生します）。

費用削減対策❷：Savings Plansの適用

　Savings Plansとは1年または3年の単位で契約し、オンデマンドインスタンスと比較して最大72％の費用削減が見込める料金モデルです。リザーブドインスタンスとの違いは、たとえば**LambdaやAWS Fargate（以下、Fargate）でも使用できる**ことや、プランによっては**インスタンスファミリ**

一やプラットフォームなどを指定しなくてもよいことが挙げられます。ま
た RDS や Amazon Redshift、Amazon ElastiCache には Savings Plans を使用で
きません（リザーブドインスタンスでは適用対象）。

Savings Plans には以下の3種類があります。

- ▶ **Compute Savings Plans**
  - ▶ オンデマンドインスタンスに比べて最大66%の削減
  - ▶ インスタンスファミリー、リージョン、インスタンスサイズ、AZ、プラットフォーム、テナンシーの指定が不要
  - ▶ Lambda や Fargate に適用できる
- ▶ **EC2 Instance Savings Plans**
  - ▶ オンデマンドインスタンスに比べて最大72%の削減
  - ▶ インスタンスファミリーやリージョンを指定するが、インスタンスサイズ、AZ、プラットフォーム、テナンシーは指定不要
  - ▶ Lambda や Fargate には適用できず対象は EC2 のみ
- ▶ **Amazon SageMaker Savings Plans**
  - ▶ Amazon SageMaker 用のプラン
  - ▶ オンデマンドインスタンスに比べて最大64%の削減
  - ▶ インスタンスファミリー、リージョン、インスタンスサイズの指定が不要
  - ▶ ML (*Machine Learning*) インスタンスへ適用

インスタンスタイプや構成を柔軟に変更する予定がある場合は、リザーブドインスタンスではなく Savings Plans の適用を検討するとよいでしょう。

費用削減対策❸：スポットインスタンスの利用

スポットインスタンスは、オンデマンドインスタンスの費用と比較する
と最大90%の割り引きで利用できます。スポットインスタンスは、AWSク
ラウド内の使用されていない EC2 キャパシティを活用し、中断される可能
性（停止ではなく終了）があります（終了ではなく停止するように指定するこ
とも可）。そのため、一般的には本番環境で常時起動しておくサーバではな
く、ECS の実行環境や CI (*Continuous Integration*：継続的インテグレーショ
ン) /CD (*Continuous Delivery*：継続的デリバリ) のビルド環境、Batch などに
適用します。本番環境などに適用する際は Auto Scaling グループでオンデ
マンドインスタンスとスポットインスタンスの割合を指定するなど、EC2
の中断が問題にならない構成にするとよいでしょう。

なお EC2 の実行が中断される際は**2分前にAWSから警告**が表示されま

▶**表5.2.5** オンデマンドインスタンスとスポットインスタンスの総vCPU数の制限

種類	オンデマンドインスタンス（総vCPU数）	スポットインスタンス（総vCPU数）
スタンダード (A、C、D、H、I、M、R、T、Z)	290	640
Trnインスタンス	256	256
DLインスタンス	96	96
高メモリインスタンス	448	—
Xインスタンス	128	128
HPCインスタンス	768	—
Fインスタンス	128	128
Infインスタンス	64	64
Pインスタンス	64	64
G、VTインスタンス	64	64

す。中断される情報をいち早く受け取り、アプリケーションの安全な停止やログの退避など、必要なアクションがあれば可能な限り自動で対応できるように実装します。

インスタンスメタデータで中断対象かどうか確認できます。以下のコマンドを5秒おきに実行し、"terminate"の場合は通知などのアクションを実装することが推奨されています。

```
$ curl http://169.254.169.254/latest/meta-data/instance-action
{"action": "terminate", "time": "2023-04-01T08:30:00Z"}
```

オンデマンドインスタンスと同様、リージョン内の総vCPU数に制限があるため、インスタンスタイプによっては適用するインスタンス数に注意しましょう。東京リージョンにおけるオンデマンドインスタンスとスポットインスタンスの総vCPU数の制限を**表5.2.5**に示します。なお必要に応じて制限の引き上げをリクエストできます。

T系インスタンスの注意点

汎用のT系とM系はよく選択されるインスタンスタイプです。T系はM系に比べて70〜80％程度と費用が安くなるため、作成されるインスタンスはT系が選ばれやすい傾向にあります。例としてT系とM系インスタンスの費用の違いを**表5.2.6**に示します。

しかしT系インスタンスは「バーストパフォーマンスインスタンス」のた

め、本番環境や外部公開するシステムではそのしくみを十分に理解したうえで使用を検討しましょう。

バーストパフォーマンスインスタンスとは

バーストパフォーマンスインスタンスでは、ベースラインと呼ばれるCPU使用率に対して、そのベースラインを下回る間クレジットを獲得し、ベースラインを超える間はクレジットを消費します。なおクレジットとはvCPU時間の単位であり、以下の計算式を使って算出されます。

- ▶ 1CPUクレジット = 1vCPU × 100%使用率 × 1分
- ▶ 1CPUクレジット = 1vCPU × 50%使用率 × 2分
- ▶ 1CPUクレジット = 2vCPU × 25%使用率 × 2分

ベースラインはvCPU使用率で表され、たとえばt3系のインスタンスでは**表5.2.7**のとおりです。

T系インスタンスは、ベースラインより少ないCPU使用率で稼働する場合に費用削減の効果があるインスタンスです。もともとの費用設定は低いですが、24時間の間に獲得したクレジットよりも消費するクレジットが多い場合には、その分のvCPU費用が発生します。先にクレジットを獲得し

▶ 表5.2.6　同じスペックでのT系とM系インスタンスの費用比較(東京リージョン)

vCPUとメモリ	T系オンデマンドインスタンスの費用(月額)	M系オンデマンドインスタンスの費用(月額)
2vCPU、8GiBメモリ	63.07USD (t4g.large)	90.52USD (m5.large)
4vCPU、16GiBメモリ	126.14USD (t4g.xlarge)	163.52USD (m5a.xlarge)

▶ 表5.2.7　T3インスタンスのベースライン使用率

インスタンスタイプ	1時間あたりに受け取るCPUクレジット	蓄積可能な最大獲得クレジット	vCPU数	vCPUあたりのベースライン使用率
t3.nano	6	144	2	5%
t3.micro	12	288	2	10%
t3.small	24	576	2	20%
t3.medium	24	576	2	20%
t3.large	36	864	2	30%
t3.xlarge	96	2304	4	40%
t3.2xlarge	192	4608	8	40%

てから CPU 使用率がベースラインを上回った際にクレジットを消費する Standard モードに比べ、Unlimited モードではクレジットの「前借り」ができます。

　ただし獲得クレジットの上限は表5.2.7に記載されているとおり、1時間に獲得できるクレジット × 24（時間）で1日分です。24時間の平均CPU使用率がベースラインを超えなければ問題ありませんが、超える場合は超過した分のvCPU費用が発生することにご注意ください。また当然ながらクレジットを使い切るとCPUは最大でもベースラインの使用率しか稼働できず、場合によってはアプリケーションがサービスを継続できなくなるかもしれません。

5.3

AWSのコンテナサービス

　次節のAmazon ECSをより深く理解するために、本節では以下の観点でコンテナ技術のおさらいをします。

- ▶ コンテナとは何か
- ▶ コンテナの特徴
- ▶ AWSでコンテナサービスを利用する際の選択肢

　すでにコンテナ技術の概要を理解している方は本節を飛ばして、5.4節「Amazon ECS」へ進んでいただいてもかまいません。

コンテナとは

仮想化技術（ホスト型・ハイパーバイザ型）とコンテナの違い

　ITで日々の生活の困りごとを解決したり業務の効率化を推進したりするべく、世の中のアプリケーションやシステムはここ十数年の間で指数関数的に増加しました。その流れの中で、CPUやメモリ・ディスクのような物理的な制限を緩和させる、あるいは搭載したCPUやメモリなどの能力を有

効活用するために生まれたのが仮想化技術です。

　サーバの仮想化方式には大きく分けて2種類(ホスト型、ハイパーバイザ型)ありますが、コンテナ技術とは何が違うのでしょうか。

　ここではコンテナ技術について詳しくは触れませんが、簡単に仮想化方式(ホスト型、ハイパーバイザ型)とコンテナ技術の違いを**図5.3.1**に示します。なお、本節でコンテナの話をする際は基本的に「Docker」について記載しています。

　図5.3.1の左側2つのサーバ仮想化技術と右側のコンテナの最も大きな違いとしては、「構成上にゲストOSがあるかないか」がわかりやすいでしょう。ホスト型のサーバ仮想化では、VMware Workstation Playerなどの仮想化ソフトウェアを既存のサーバやクライアントPCにインストールすると、簡単に仮想化環境を構築できます。手軽な反面、仮想マシンは**ホストOSを介してハードウェアを制御するためオーバーヘッドが大きく、CPUやメモリを消費しやすい**ことが特徴です。

　ハイパーバイザ型のサーバ仮想化では、ホスト型サーバ仮想化のホストOSと仮想化ソフトウェアの役割をハイパーバイザが担います。ホスト型と比べて仮想マシンを動作させることが前提のアーキテクチャとなっており、複数の仮想マシンを効率よく動作させるしくみが実装されています。

　この2つのサーバ仮想化技術に対して、コンテナは仮想マシンとして動作しているのではなく、コンテナエンジンによって**アプリケーションの動**

▶**図5.3.1**　仮想化技術とコンテナの違い

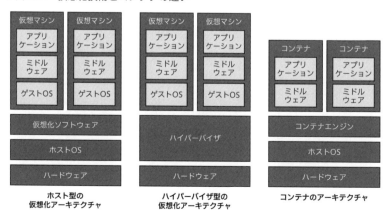

ホスト型の
仮想化アーキテクチャ

ハイパーバイザ型の
仮想化アーキテクチャ

コンテナのアーキテクチャ

作する空間を隔離しています。カーネルはホストOSに依存するため、サーバ仮想化技術のように複数の異なるOS(たとえばWindowsとLinuxなど)を稼働させることはできませんが、逆にいえばOSがない分起動が早く、使用するリソースも少なくて済みます。

サーバ仮想化技術とコンテナ技術の比較を**表5.3.1**に示します。

コンテナとEC2の違い

「コンテナとEC2は何が違うのか」。この問いは「コンテナをEC2上で実行するのと、ECSやEKSなどのオーケストレーションツールを使って実行・管理するのと、何が違うのか」とも言い換えられます。

一般的なWeb三層のシステムを構成する場合に、❶EC2とRDSで構成する、❷EC2でコンテナ技術を使用する、❸ECSやEKSなどのオーケストレーションツールを使用する、の3パターンを比較してみましょう。

図5.3.2では、Web/APの機能をEC2上に実装し、必要に応じてスケールするようにAuto Scalingを設定しています。バグの修正や機能追加でアプリケーションに変更があった場合はEC2内のアプリケーションを更新し、

▶**表5.3.1** サーバ仮想化技術とコンテナの比較

項目	仮想化方式(ホスト型)	仮想化方式(ハイパーバイザ型)	コンテナ
特徴	ホストOS上に仮想化ソフトウェアをインストールし、その上で仮想マシンを稼働させる	ハイパーバイザを利用して仮想マシンが直接物理リソースを制御する	ホストOS上にコンテナプラットフォーム製品やライブラリをインストールし、アプリケーションの実行環境を仮想化する
メリット	既存の物理マシンを利用できる	ホストOSが不要で複数のディストリビューションをゲストOSに使用できる	必要最低限のCPUやメモリを利用するため、独立したアプリケーションの実行環境をすばやく用意できる。可搬性が高い
デメリット	ホストOS、ホスト型仮想化ソフトウェア、ゲストOSと、仮想化環境を動作させるために必要となるリソースが多く、動作が重くなりがち	比較的高スペックな物理サーバが必要。操作・管理に専門的な知識が必要	カーネルはホストOSに依存するため、柔軟にディストリビューションを選択できず、カーネルのアップデートをコンテナごとにできない
製品・技術例	VMware Workstation Player、Oracle VM VirtualBox	VMware ESXi、Linux KVM、Microsoft Hyper-V、Citrix XenServer	Docker、chroot、LXC (Linux Containers)

AMIを取得、Auto Scaling対象のAMIを変更するため、変更にかかる手動対応の部分が多くなります。OS上のパッケージやアプリケーションの更新でも同様に作業が必要です。

また更新作業によって問題が発生した場合は、もとのAMIから起動するようにAuto Scaling対象の変更を戻しますが、サービス停止が発生します。検証環境で入念に確認しても本番環境での適用は不安が残るでしょう。

図5.3.3では、EC2上にコンテナを配置し、その上でアプリケーションを動作させている点が図5.3.2と異なります。OS上とアプリケーションの更新をそれぞれで対応するのは図5.3.2の構成と同じですが、コンテナ化したアプリケーションは動作する環境による違いを吸収でき、図5.3.2で挙げ

▶ **図5.3.2** EC2とRDSでのWeb三層アプリケーション構成図

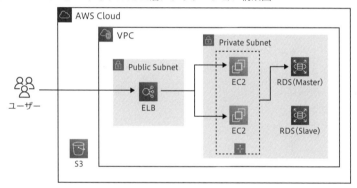

▶ **図5.3.3** EC2上でコンテナ技術を使用したWeb三層アプリケーション構成図

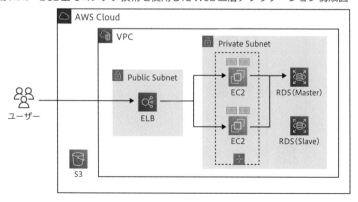

た「検証環境で入念に確認しても本番環境での適用は不安」が解消されます。

　ただし、コンテナの障害(プロセスが落ちるなど)への対応——プロセス
が落ちたことをトリガに該当のEC2を停止し、オートリカバリさせるなど
の実装——が必要です。コンテナをEC2上で実行するだけではアプリケー
ションの更新やロールバックなどに手間がかかり、コンテナを導入した効
果を感じにくいでしょう。

　図5.3.4では、EC2ではなくECS(ECS on Fargate)とし、コンテナやOS
の障害、更新を統合的に管理しています。Fargateを利用することで図5.3.2
や図5.3.3で行っていたOSに対する更新をユーザー側で考慮しなくても済
み、コンテナ化したアプリケーションの開発に集中できます。

　コンテナのプロセスが落ちたことを自動で検知し、再デプロイするため、
保守性が高く、CI/CDも実装すれば、アプリケーションの改修から本番環
境への適用を高速化できることが特徴です。コンテナはその特性上、大規
模な環境へのアプリケーション展開に適しており、ECSやEKSなどのオー
ケストレーションツールを用いれば運用管理の手間やヒューマンエラーも
低減できます。

　正解の構成はありませんが、コンテナ技術に適した規模や要件でコンテ
ナを利用するとよいでしょう。

▶**図5.3.4**　ECSやEKSなどのオーケストレーションツールを使用したWeb三層アプ
リケーション構成図

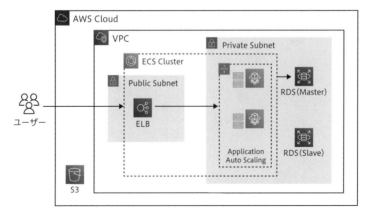

コンテナで構成するサービスの特徴

コンテナ技術に適しているシステムの特徴とは何でしょうか。一般的に以下の3つの視点で考え、学習コストも加味したうえで検討するとよいとされています。

▶ **複数の環境を有するシステム**

コンテナのメリットのひとつとして再現性の高さが挙げられる。インフラの環境差異があっても動作するため、開発環境、検証環境、本番環境といった複数の環境があっても同じコンテナを流用できる。また別プロジェクトで作成した機能をほかのプロジェクトでも再利用できる

▶ **アプリケーションの更新頻度が高いシステム**

機能追加やバグ修正、セキュリティパッチの適用サイクルが早い場合、CI/CDを組み込むことでコードの修正からテスト、本番デプロイまでを安全にすばやく行える

▶ **アクセス増減の発生が見込まれているシステム**

コンテナは柔軟に規模を拡大・縮小できるのが特徴。アクセスが一定である、少しずつ増加する、といった場合はコンテナでなくてもよい

もちろん上記の定義がすべてではありませんし、すべてに当てはまらなくてもかまいません。すでにコンテナ技術に詳しい人が多いチーム、ほかの環境・システムでコンテナを利用した実績がある場合は、スピードや費用の面でコンテナを利用するとメリットが多いかもしれません。総合的な視点で判断するようにしましょう。

コンテナでサービスを作るときに気を付けること

コンテナ技術は固有の概念やサービス独自の用語が多く、初学者にとって学習コストの高いことがデメリットです。アプリケーションをコンテナ化するにあたってまず意識すべき点を3つ記載します。

▶ **障害の発生を前提とした設計にする**

クラウドでは、オンプレミスと比べて障害によってある程度サーバやサービスが停止することを前提とした設計をする。コンテナの場合も同様で、コンテナのプロセスがたとえ落ちてもすぐに起動するように設定をしておく。またその状況が頻繁に発生せずサービス提供への影響が少ないのであれば、サーバやサービスの落ちた理由を細かに解析する必要はない

▶ **個別の設定は変数化する**

可搬性や再現性を活かすように、環境ごとの固有値や設定の切り替えは変数で定義する

▶ **ログ出力は一本化する**

コンテナは実行環境であるホストOS上でプロセスとして動作し、ほかのプロセスから隔離されている。アプリケーションのログなどをこのコンテナの空間に出力するとプロセスが停止した際にログは残らないため、通常はホストOSか別の領域に出力するようにする。アプリケーションのログ（標準出力と標準エラー出力）もホストOS上に出力するため、出力元や内容のわかりやすいフォーマットにするとよい

▶ **1コンテナ1プロセスとする**

1つのコンテナに複数のプロセスを稼働させることも可能だが、1つのプロセスが停止した場合の動きを制御するのが難しいため、基本的には1つのコンテナで1つのプロセスになるようにする。コンテナどうしの関係性が密でやりとりが発生する場合などは、複数プロセスでもかまわない

AWSでコンテナサービスを構成してみよう

ここまで一般的なコンテナ技術について述べてきました。ここからはようやくAWSのコンテナサービスの紹介です。とはいえAWSのコンテナ関連サービスは取りそろえが多く、すべてを説明するのは難しいため、ここではコンテナに関連する主要なサービスとその特徴を紹介します（**表5.3.2**）。

AWSでコンテナサービスを使う場合、基本的にはコンテナの運用管理を行うコントロールプレーンとしてECSかEKSを、実際にコンテナが実行されるデータプレーンとしてEC2かFargateを選択します（**図5.3.5**）。レジストリはDocker社が提供するDocker Hubのほかにも、クラウドベンダーが提供するレジストリサービスもあります。しかしAWSの提供するレジストリサービスAmazon ECR（以下、ECR）を利用すると、権限をIAMで管理でき、システムがAWS内で完結するといったメリットを受けられます。Docker Hubのように不特定多数の人にレジストリを公開したい場合は、ECR Public

▶ **表5.3.2** AWSのコンテナ関連サービス

カテゴリ	AWSサービス名	特徴
オーケストレーションツール	Amazon ECS	AWS独自のオーケストレーションツール。ほかのAWSサービスとの連携がしやすい
	Amazon EKS	コンテナ管理にKubernetesを使用する
コンピューティング環境	Amazon EC2	コンテナをEC2上で実行する。OSレイヤの運用管理も必要。EC2スポットインスタンスを使用できる
	AWS Fargate	サーバレスであり、EC2の運用管理が不要。ECS、EKSどちらでも利用可
レジストリ	Amazon ECR	Dockerコンテナ用のレジストリ

▶ **図5.3.5** コンテナサービスの組み合わせ

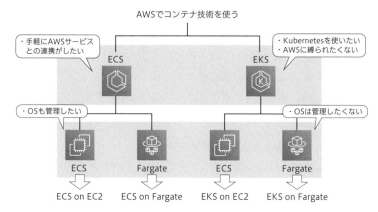

サービスを利用するのもよいでしょう。

EKSで採用されているKubernetesは、AWSに限らずMicrosoft Azureや
Google Cloudほか、幅広くクラウドで採用されているコンテナ管理技術で
す。1つのクラウドに縛られずマルチプラットフォームなコンテナ環境を
実装したい場合は、EKSを推奨します。本書はAWSの解説書であり、
Kubernetes関連で参考となる書籍や情報も多くありますので、EKSの解説
は割愛し、次節では**図5.3.5**の「ECS on EC2」「ECS on Fargate」について解
説します。

5.4

Amazon ECS

前述したようにECSはAWS独自のオーケストレーションツールであり、
ほかのAWSサービスとの親和性の高さが特徴です。VPCやサブネット、
ELB、Auto Scaling、Amazon CloudWatch（以下、CloudWatch）といった馴染
みのあるAWSサービスを使用するため、すでにAWSサービスを理解して
いるならば比較的学習コストは少なくて済みます。

タスク定義

まずECSの主要な構成要素を見てみましょう（**図5.4.1**）。ECSでは「クラスター」で定義した実行環境（EC2、Fargate）上で、「タスク定義」で指定したコンテナを動かし、全体の構成やデプロイ方法を「サービス」で設定します。タスク定義、サービス、クラスターの順に説明します。

タスク定義には、主に以下の内容を記載します。

▶ **各コンテナで使用するDockerイメージを指定**
▶ **各タスクまたはタスク内の各コンテナで使用するCPUとメモリを指定**
▶ **各タスクでコンテナが使用するデータボリュームを指定**
▶ **タスクで使用するIAMロールを指定**
▶ **コンピューティング環境（EC2、Fargate）を指定**

タスクで定義できる項目は、「参考」の「タスク定義パラメータ」を参照してください。

> **参考:「タスク定義パラメータ」** https://docs.aws.amazon.com/ja_jp/AmazonECS/
> latest/developerguide/task_definition_parameters.html

複数のコンテナが同じライフサイクル（起動、停止が同じタイミング）であり、同一ホスト上でコンテナ間通信が発生する場合などは、1つのタスク定義で複数のコンテナを定義するとよいでしょう。特に要件がない場合は、1つのタスク定義に1つのコンテナとするとメンテナンス性が向上します。

▶**図5.4.1** クラスターの構成

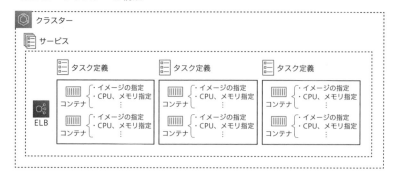

サービス

サービスには以下の内容を指定します。

- ▶ 起動タイプ(EC2)を設定
- ▶ 連携するELB (ALB、NLB、CLB)を指定
- ▶ 指定したタスク定義のタスク数を維持するかどうか
- ▶ デプロイの方法(ローリングアップデート、Blue/Greenデプロイメント)を指定

タスク定義で起動するコンテナを指定し、クラスター上でいくつコンテナを起動させるかを「Number of Tasks」パラメータで指定します(タスク定義で1つのコンテナを指定していて、クラスター上で2つコンテナを起動させたいときは、「Number of Tasks」を「2」とします)。また前もって作成したELBを指定し、実行環境(EC2、Fargate)でリクエストを受けるポートやコンテナで待ち受けるポート、コンテナ実行時のパラメータなどを設定します。

なおサービスを使用せずタスク定義だけでもコンテナを実行できますが、後述する**Application Auto Scalingを実装するにはサービスの設定が必要**です。

クラスター

クラスターには、以下の内容を指定します。

- ▶ コンテナの実行環境(EC2、Fargate)が動作するネットワークを指定
- ▶ 起動するインスタンスタイプやAMI、起動する数を指定
- ▶ Auto ScalingグループでEC2の起動数を制御

実行環境にFargateを選択する場合、クラスターの設定は動作するネットワークの作成(または指定)とクラスター名のみです。OSの脆弱性対応の要件としてセキュリティ製品を導入する必要があり、EC2を実行環境に選択するケースもありますが、そういった要件がなければFargateのほうが運用管理は楽になります。またEC2上のECSエージェントは古くなると起動できなくなる可能性もあることからアップデート作業が頻繁に発生しますが、Fargateならばその作業からも解放されます。

タスク定義の更新

タスク定義では、以下のフォーマットでECR上のコンテナイメージを指定します（指定のパスはECRで確認できます）。

```
registry/repository:tagのケース
aws_account_id.dkr.ecr.region.amazonaws.com/my-web-app:latest
```

```
registry/repository@digestのケース
aws_account_id.dkr.ecr.region.amazonaws.com/my-web-app@sha256:94afd1f
2e64d908bc90dbca0035a5b567EXAMPLE
```

コンテナの指定にはタグ（上記1つ目の例の「latest」）やダイジェスト（上記2つ目の例の「sha256:94afd1f2e64d908bc90dbca0035a5b567EXAMPLE」）が必要です。タグで「latest」を指定しておくとタスク定義自体を修正する必要がなく便利ですが、コンテナイメージのバージョンがわからないことがデメリットになります。それ以外のパラメータを変更する場合はそのタスク定義を修正するのではなく、そのタスク定義をもとに新しいリビジョンを作成し、タスクを指定するサービスを更新してコンテナをデプロイしなおします。

すでにコンテナが動作しているECSクラスター上で、新しいコンテナはどのようにデプロイされていくのでしょうか。デプロイ方法は「ローリングアップデート」と「Blue/Greenデプロイメント」があり、どちらも実行中のコンテナには影響せずに新しい定義でコンテナがデプロイされます。

サービスでデプロイ方法をローリングアップデートとしている場合に、状態が遷移する様子を**図5.4.2**に示します。

図5.4.2のサービス設定は以下のとおりです。

- ▶ 「Desired Count」を4（実行環境のインスタンス数は4を維持）
- ▶ 「minimumHealthyPercent」を0.5（サービスを提供する最小タスク数の割合を50%）
- ▶ 「maximumPercent」を1.0（サービスを提供するタスク数の最大割合）

「Desired Count」が4、「minimumHealthyPercent」が0.5なので、最小2インスタンスでサービスを提供し、アップデート時でも最大4インスタンスしか起動しないように「maximumPercent」が1.0（Desired Countに対して100%）となっています。この設定に従い、まず半分の2インスタンスが更新

▶ 図5.4.2　ローリングアップデートのステップ

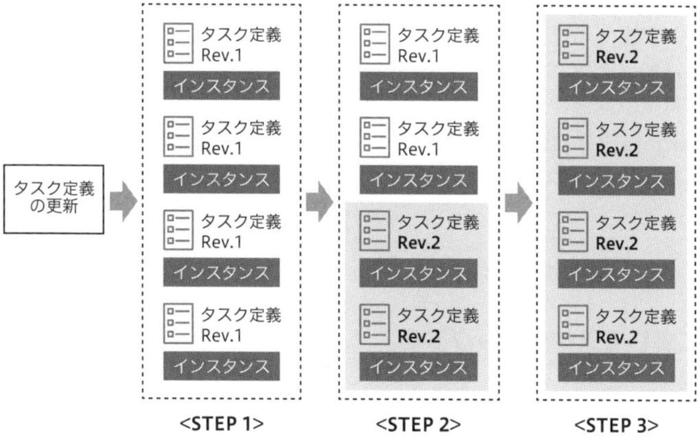

されたタスク定義をもとに作成しなおされ、最終的には4インスタンスすべてが更新されたタスク定義で作成しなおされます。

　タスク定義を更新した際のほかの置き換え方法として、Green/Blueデプロイメントもあります。こちらはタスク定義を更新すると新たにGreen環境（またはBlue環境）を作成し、疎通に問題がなければ（テストを仕込むことも可能）LBレイヤで切り替えを行うものです。どちらの更新方法がシステムに合うのかは十分検討しましょう。

データボリュームを使用する

　コンテナはイミュータブル（変更できない）を意識してデプロイするため、ログや共通のデータはコンテナ外の領域を確保します。ECSで選択可能なデータボリュームは以下の5種類です。

- ▶ **Amazon EFSボリューム**
  - ▶ Amazon EFSではデータ領域が自動的に拡張・縮小されるため、容量が変更される領域に適している
- ▶ **FSx for Windows File Serverボリューム**
  - ▶ 完全マネージド型のMicrosoft Windowsファイルサーバを提供する
  - ▶ 実行環境がEC2でWindows環境の際に利用可能（Fargateは利用不可）
- ▶ **Dockerボリューム**
  - ▶ 実行環境がEC2のときのみ利用可能（Fargateは利用不可）
  - ▶ ホスト側の "/var/lib/docker/volumes" に作成される

▶ バインドマウント
  ▶ ホスト（EC2、Fargate）上のファイルまたはディレクトリをコンテナからマウントする
  ▶ バインドマウントされているコンテナがすべて停止すると、そのデータは削除される（デフォルトではコンテナが終了してから3時間後）
▶ **Fargate タスクストレージ**
  ▶ Fargate でホストされている各ECSタスクがバインドマウントするエフェメラルストレージ
  ▶ タスク定義内でvolumes、mountPoints、volumesFrom パラメータを使用しているコンテナ間で共有できる

負荷に応じてスケーリングする

EC2をAuto Scalingで増減させるように、ECSでも負荷に応じて実行環境であるEC2やタスク数を増減できます。

実行環境をEC2としている場合、ECS Cluster Auto Scaling（CAS）を設定し、ECSで実行されているタスクが必要とするリソースに基づいてスケールイン・スケールアウトを自動的に行います。スケールイン・スケールアウトはAuto Scalingグループ設定の範囲のため、適切にインスタンスの最小値と最大値を設定します（**図5.4.3**）。

Amazon Aurora やLambda で設定できる Application Auto Scaling をECSに設定し、タスクレイヤでもスケールイン・スケールアウトを設定可能です。前述の、実行環境をEC2としている場合はEC2インスタンス数を増減させますが、Application Auto Scaling ではタスクの必要数を増減し負荷を分散さ

▶**図5.4.3** Auto Scalingによる ECSのスケールイン・スケールアウト

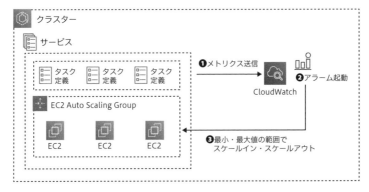

せます（**図5.4.4**）。

スケールイン・スケールアウトさせるタイミングは、以下の3種類で設定します。

- ▶ **ターゲット追跡スケーリングポリシー**
  - ▶ 特定のメトリクスのターゲット値に基づいて実行するタスク数を増減させる（複数設定可）
- ▶ **ステップスケーリングポリシー**
  - ▶ CloudWatchアラームをトリガにスケールイン・スケールアウトする
  - ▶ ターゲット追跡スケーリングポリシーが機能しない場合はステップスケーリングを使用する
  - ▶ ターゲット追跡スケーリングポリシーと併用可能
- ▶ **スケジュールに戻づくスケーリング**
  - ▶ 日付と時刻に基づいてサービスが実行するタスクの数を増減させる

スケールイン・スケールアウトのトリガは、複数設定すると動作が複雑になります。想定した動作になるよう、綿密なテストを計画し、設定値を調整していきましょう。

システムのマイクロサービス化、コンテナ化は、「自動化」と同じように導入するまでのハードルが高く、工数も増大してしまう問題を抱えています。新しいAWSサービスや今まで対応していない技術はまるで魔法のように「今抱えている問題や課題を解決してくれる」と思えるかもしれません。しかし構築・運用するのは「人」です。システムのライフサイクル全体を通して本当に導入する価値があるのなら、そこに関わる人たちの理解を得られるように事前に働きかけるのも重要です。

▶ **図5.4.4** Application Auto ScalingによるECSのスケールイン・スケールアウト

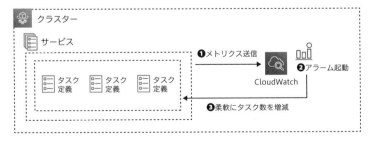

第**6**章

データベース

データベースはシステムの要です。どんなデータが、どのくらいの頻度でデータベースに格納され、そのデータをどのように使うのか。これらの要件によってはデータベースではなく、Amazon S3などのストレージにデータを保存することもあります。要件に合うデータの格納手段を選択できるようにしましょう。

6.1

データベースサービスの種類と選択

AWSのデータベースサービス

AWSでは2023年4月現在、**表6.1.1** の11種類のデータベースサービスを用意しています。

▶ **表6.1.1** AWSのデータベースサービス

カテゴリ	AWSサービス	特徴
RDBMS	Amazon RDS	データベースエンジンは7つ (MySQLとの互換性を持つAmazon AuroraやPostgreSQLとの互換性を持つAmazon Aurora、MySQL、MariaDB、PostgreSQL、Oracle、SQL Server)から選択
	Amazon Aurora	高可用性と優れたパフォーマンスを実現するMySQLおよびPostgreSQL互換のデータベース Aurora Serverlessではインスタンスのスケールアップ・ダウンが自動で行われる
	Amazon Redshift	リレーショナルデータベースとは違って継続的な書き込みや更新には向いていないが、一括データの書き込みや分析のための大容量データ読み出しに適している
key-value型	Amazon DynamoDB	リージョン内の3AZへ同期レプリケートされ、可用性とデータ耐久性の高いドキュメントデータベース
	Amazon Keyspaces	ワイドカラム型NoSQLデータベース Apache Cassandra互換のため、オンプレミスなどのCassandraをAWSへ移行する場合に利用
インメモリ型	Amazon ElastiCache	Redisやmemcachedと互換性のある、耐久性は低いが高速なインメモリデータベース リアルタイムのトランザクションや分析処理に利用
	Amazon MemoryDB for Redis	Redisと互換性のある、高速性と耐久性を兼ね備えたインメモリ型・key-value型のデータベース
ドキュメント型	Amazon DocumentDB	MongoDB3.6および4.0ドライバやツールと互換性のあるドキュメントデータベース JSONデータを大規模に管理する
グラフデータベース	Amazon Neptune	Apache TinkerPop Gremlin と W3C (*World Wide Web Consortium*) のSPARQLとopenCypherを使用して高速に表示するグラフアプリケーションを構築する
時系列	Amazon Timestream	時系列特化型のデータベース サーバレスでIoTやDevOpsアプリケーションなど時間の変化に関わるデータを格納・分析するのに利用
台帳型	Amazon Quantum Ledger Database	組込みのジャーナルデータベース ジャーナルへは追加のみで削除や変更はできない

検討に挙がりやすいサービスについて、主な使いどころを説明します。

一般的には、Amazon RDS（以下、RDS）が提供するデータベースエンジンをそのままクラウドで利用したい場合は、RDSを選択します。データベースがMySQLやPostgreSQLで、さらに高い可用性やスループットを達成したい場合は、Amazon Aurora（以下、Aurora）を選択するとよいでしょう。Amazon DynamoDB（以下、DynamoDB）はスケーラビリティや可用性の高いことが特徴です。データサイズが増大しても性能が変わらず、突発的なアクセス負荷への対応も容易です。AWS独自のサービスのため最初の学習コストはありますが、費用削減・管理工数削減を目指すクラウドシフトでは利用を検討してみましょう。

MongoDBやRedisなどの非リレーショナルデータベースはドキュメントやインメモリデータベースとして使用され、モバイルアプリやカタログ、ゲームなどのリアルタイムな双方向性通信のシステムを実現します。オンプレミスやほかのクラウドでMongoDBやRedisを利用している場合は、アプリケーションの修正が不要なAmazon DocumentDBやAmazon ElastiCache、Amazon MemoryDB for Redisに移行するとよいでしょう。

データベースを選択する流れ

データベースを選択するには、どんな用途でデータベースを使用するのか、既存のデータベースからの移行か新規で作成するのか、など複数の観点からの検討が必要です。その具体的な検討例として、以下の4つのステップを経て絞り込んでいく方法を紹介します。絞り切れない場合は以下のステップの観点を持って選択肢として残ったデータベースそれぞれで検証するとよいでしょう。

STEP1：WHAT、WHY、HOWを明確にする

WHAT（どんなワークロードがあるか）、WHY（移行のビジネス上の目的は何か）、HOW（どのように目的達成を観測するか）を明確にします。

アプリケーションの処理に合ったデータベースを選択しないと、WHAT（どんなワークロードがあるか）を満たせません。またワークロードに合わなくてもWHY（移行のビジネス上の目的は何か）がクラウドシフトであるならば（そんなケースはあまり考えたくはありませんが）、複数のデータベー

スサービスを併用してアプリケーションも作りなおす必要があるかもしれません。またどんなすばらしいシステムをクラウド上に構築しても、HOW（どのように目的達成を観測するか）を定量的に示せなければビジネスとしては失敗と言わざるを得ません。

　ビジネスの目的は運用コスト削減なのか、それとも効率化なのか、いずれにしてもデータベースの選択に限らずHOWを明確に決め、システム構成や設定の指針としましょう。

STEP2：ワークロードの機能要件を見極める

　STEP1で絞ったいくつかのデータベースがワークロードの要件を満たすかどうかひとつずつ確認し比較します。場合によっては複数のAWSサービスを組み合わせたり、コストがほかよりもかかったりするかもしれません。理想としてはビジネスユースケースの原型を定義し、必要とされる機能を追加したものをベースに考えます。

STEP3：最も重要なワークロードのデータ型やデータアクセスパターンを洗い出す

　データ型やアクセスパターンがデータベースサービスと合っていなくても機能しないことはありませんが、最適化された状態ではありません。世間一般のユースケースとも照らし合わせ、どのデータベースサービスがよいか評価します。

STEP4：データベースの非機能要件を定義する

　可用性や性能、セキュリティなどの非機能要件を「必須」と「可能であれば」に分けます。場合によっては条件付きとなるかもしれません。それぞれの検討例は以下のとおりです。

- ▶ **可用性**
  - ▶ バックアップ要件やレプリケーション、フェイルオーバー、PITR（*Point-in-time Recovery*）、クエリの制限、即座にクローニングするか
- ▶ **性能**
  - ▶ キャッシュされたデータが頻繁に使用されるか、書き込みのノードを水平スケールする必要があるか、読み取りのスループットが必要か（その場合はリードレプリカを用意する）、トランザクションの同時実行数は高い（10,000以上）か、別リージョンにもデプロイされるか（リージョン間のデータ整合性は求められるか）

▶ **セキュリティ**

　▶ データ保護、認証・認可、個人情報などの暗号化が必要なカラムがあるか、リアルタイムの監査ログが必要か

▶ **そのほかの運用**

　▶ データベースの監視項目がKPI（*Key Performance Indicator*：重要業績評価指標）やSLA（*Service Level Agreement*：サービス品質保証）、SLO（*Service Level Objective*：サービスレベル目標）の計測に使用できるか、自動的に拡張するか、スキーマの自動管理が必要か、無停止でのアップグレードが必要か

選択肢として候補に挙がりやすいRDS、Aurora、DynamoDB

　データベースはシステムの要です。AWSでは提供するサービスの特性に合わせたさまざまなデータベースを用意しており、システム開発者はサービスに最も合うデータベースを選択しなければなりません。

　次節以降は現実的な選択肢として候補に挙がりやすいRDS、Aurora、DynamoDBを掘り下げて説明します。

6.2

Amazon RDS

RDSの特徴

　RDSはAWSでリレーショナル型データベースを構築できるフルマネージドサービスです。2023年4月現在、以下のデータベースエンジンとバージョンをサポートしています（PostgreSQLバージョン10は2022年11月10日以降セキュリティパッチを提供しておらず、2023年4月17日以降には自動的にPostgreSQL 14へアップグレードするため、使用には十分ご注意ください）。

▶ **Aurora（対応バージョンはMySQLおよびPostgreSQLと共通）**

▶ **MySQL（5.7、8.0に対応）**

▶ **PostgreSQL（10、11、12、13、14、15に対応）**

▶ **MariaDB（10.3、10.4、10.5、10.6に対応）**

▶ Oracle（12c Release 1、12c Release 2、19c、21cに対応）

▶ Microsoft SQL Server（2014、2016、2017、2019に対応）

本節では、**Aurora以外のRDSデータベース（DB）エンジン**について説明します。Auroraは6.3節「Amazon Aurora」を参照ください。

RDSはEC2と同様、仮想サーバ上で実行されます。EC2でもデータベースの構築は可能ですが、RDSと違って自動スケーリングや高可用性、OS・データベースソフトウェアの自動パッチ適用などはユーザーが設計・実装・運用する必要があります。

EC2で構築するデータベースサービスよりRDSにメリットがある部分は、以下のとおりです。

▶ MariaDBやMicrosoft SQL Server、MySQL、Oracle、PostgreSQLなど既存環境と同じデータベースが使えて、移行の問題も低減できる

▶ 非機能要件（可用性、バックアップ、耐障害性、パッチ適用）の実装・運用が楽

▶ 保守・運用コストを削減できる

通常、フルマネージドなRDSをデータベースとして利用するほうがメリットは大きいですが、以下のケースではEC2やオンプレミスでのデータベース構築を検討してください。

▶ ハードウェアやOS、ミドルウェア、ソフトウェアなど、RDSでは管理できない領域を変更したい

▶ RDSではサポートされていないパラメータをチューニングしたい

▶ 開発環境などの利用で費用を削減したい

RDSの構成

RDSは仮想インスタンスのため、EC2と同様、インスタンスクラスやストレージタイプ、マルチAZ構成かどうかによって費用が変わります。クラウド費用の多くはEC2やRDSなどの仮想インスタンスです。要件の「必須」と「可能であれば」での費用比較は必ず実施しましょう。

▶ DBインスタンスクラス
　　▶ 大きく分けると、汎用、メモリ最適化、バーストパフォーマンスの3種類

- ▶ マルチ AZ 構成のみサポートしているものもあるので注意
- ▶ サポートされていないデータベースエンジンもあり、確認が必要
- ▶ リージョンで利用できるかは確認が必要

　5.1節の「インスタンスタイプの種類と選ぶ基準」の項にも記載したとおり、RDSのDBインスタンスクラスもデフォルトでハイパースレッディングが有効になっています。たとえばdb.m4.xlargeは2CPUコア、それぞれ2スレッドのため4vCPUです。必要に応じてCPUコア数やハイパースレッディング機能の調整をして、コア数に適用されるデータベースライセンス費用を最適化してください。DBインスタンスクラスの詳細は「参考」の「DBインスタンスクラス」をご確認ください。

　また、たとえばストレージ容量の変更はダウンタイムが発生せず即時適用できる一方、インスタンスクラスやポートの変更にはDBインスタンスの**再起動が発生**します。サービス停止できる頻度や時間を考慮して、DBインスタンスクラスを選択しましょう。無停止で変更可能な項目は「参考」の「Amazon RDS DBインスタンスを変更する」を参照してください。

> **参考:「DBインスタンスクラス」** https://docs.aws.amazon.com/ja_jp/AmazonRDS/latest/UserGuide/Concepts.DBInstanceClass.html
>
> **「Amazon RDS DBインスタンスを変更する」** https://docs.aws.amazon.com/ja_jp/AmazonRDS/latest/UserGuide/Overview.DBInstance.Modifying.html

- ▶ **データベースのストレージタイプ**
  - ▶ 汎用(SSD)、プロビジョンドIOPS(PIOPS)、マグネティックの3種類
  - ▶ EBSのパフォーマンスはI/O特性やインスタンス構成などに影響される

DBインスタンスのパフォーマンスを上げるための施策例は次のとおりです。

- ▶ **EBS最適化インスタンスを使用する**
- ▶ **アプリケーションのアクセスパターンから、パフォーマンス特性を活かせるストレージを選択する**
  - ▶ SSDは最大I/Oサイズが256KiB、HDDは1,024KiB
  - ▶ シーケンシャルなアクセスでは、最大I/Oサイズに達するまで単一のI/O操作に含められる
  - ▶ ランダムなアクセスでは、最大I/Oサイズに達しない小さいサイズでもIOPSを個別にカウントする

リクエストのI/Oサイズやアクセスパターンにより、パフォーマンスが

大きく変わります。多くの場合、パフォーマンスはデータベースで最も重要な非機能要件です。上記特性から机上で確認するだけではなく、実際に検証したりCloudWatchメトリクスで確認したりし、ストレージタイプを選定するとよいでしょう。

参考：「Linuxインスタンスでの Amazon EBS ボリュームのパフォーマンス」 https://docs.aws.amazon.com/ja_jp/AWSEC2/latest/UserGuide/EBSPerformance.html

▶ マルチAZ構成

- ▶ サポートされている機能は、リージョンやデータベースエンジンで異なるため確認が必要
- ▶ マルチAZデプロイとすると、Read/Writeできるプライマリ DB インスタンスと、フェイルオーバー先となるスタンバイレプリカ（読み取り／書き込みはできない）が別AZへデプロイされる

▶ マルチAZ DBクラスタ

- ▶ 1つの読み取り／書き込みDBインスタンスと、2つ以上の読み取り専用のスタンバイ DB インスタンスで構成
- ▶ 読み取り／書き込みDBインスタンスに障害が発生した場合は、読み取り専用のスタンバイ DB インスタンスを昇格させて書き込みを行う
- ▶ エンドポイントは、書き込み DB インスタンスへの接続となる「クラスタエンドポイント」、読み取り専用の接続となる「リーダーエンドポイント」、クラスタ内の特定のインスタンスへ接続する「インスタンスエンドポイント」の3種類
- ▶ 「クラスタエンドポイント」と「リーダーエンドポイント」は、クラスタ内のDBインスタンスに接続できない場合に自動的に接続先を変更する
- ▶ マルチ AZ構成と比べて書き込みレイテンシが低くなる

フェイルオーバーは通常マルチ AZ構成の場合で60〜120秒、マルチ AZ DB クラスタの場合で35秒未満です。フェイルオーバーは「参考」の「マルチ AZ DBインスタンスのデプロイ」の「Amazon RDS のフェイルオーバープロセス」に記載の現象時に発生します。発生理由と発生時の確認方法は明確にしておきましょう。

参考：「AWS リージョンとDB エンジンにより Amazon RDS でサポートされている機能」 https://docs.aws.amazon.com/ja_jp/AmazonRDS/latest/UserGuide/Concepts.RDSFeaturesRegionsDBEngines.grids.html

「エンジンネイティブの機能」 https://docs.aws.amazon.com/ja_jp/AmazonRDS/latest/UserGuide/Concepts.RDS_Fea_Regions_DB-eng.Feature.EngineNativeFeatures.html

「マルチ AZ DBインスタンスのデプロイ」 https://docs.aws.amazon.com/ja_jp/AmazonRDS/latest/UserGuide/Concepts.MultiAZSingleStandby.html

RDS Proxy

RDSでは、アプリケーションからの接続を処理する際にメモリやCPUを消費します。そのため頻繁に短時間のデータベース接続を繰り返すアプリケーションでは、データベースの処理負荷を下げるためにRDS Proxyを導入するとよいでしょう。

RDSの最大接続数は、パラメータグループ内の「max_connections」で管理されています。デフォルトではインスタンスクラスを基準とした計算式が設定されており、手動による変更は推奨されていません。そのため同時接続数が上限に達しそうな場合は、より高性能なインスタンスに変更して最大接続数を増やすか、RDS Proxyの利用を検討します。

RDS Proxyの特徴

RDS Proxyは、接続元のアプリケーションと接続先のRDSの間に設置し、アクセスを中継するフルマネージドサービスです(**図6.2.1**)。VPC内の異なるAZにある2サブネットを選択して作成します。RDS Proxyを間に配置したことによる遅延は、平均で5ミリ秒です。

RDS Proxyを利用すると高性能なインスタンスクラスへ置き換えずに済み、コストや運用工数を抑えられます。そのほかRDS Proxyを使用するメリットは以下のとおりです。

▶ **図6.2.1** RDS Proxyを介してEC2からRDSへ接続する例

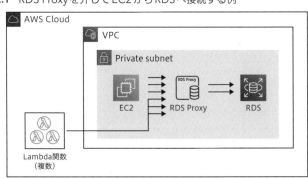

▶ **フェイルオーバーにかかる時間を短縮できる**

RDS Proxyでは数秒レベルでフェイルオーバーが完了する。これはRDS Proxyがない場合はスタンバイDBインスタンスの昇格とクラスタエンドポイントの更新後にアプリケーションが再接続するのに比べて、RDS Proxyがある場合はアプリケーションからの接続をプールし、RDS ProxyからRDSへの接続は処理中であったものを除いて保持・再利用するため

▶ **セキュリティの向上**

RDSでは、接続元のIAMユーザーに対して、適用するIAMグループやIAMロールにRDSへの操作に必要な権限を付与する。RDS Proxyでは、接続先のRDSに対してIAMベースの認証を強制でき、セキュリティが向上する。さらにAWS Secrets Managerを使用してデータベースの認証情報を一元管理するとよい

RDS Proxyを利用する際の注意点

ここまでRDS Proxyを使用するメリットを説明してきました。RDS Proxyには気を付けなければならない点もありますので、以下2点にご注意ください。

▶ **IPアドレスの枯渇**

RDS Proxyは、接続先のDBインスタンスクラスとインスタンス数に基づいて必要に応じて自動的に容量を増減し、場合によっては多くのIPアドレスを使用する。これによりIPアドレスが枯渇するとRDS Proxyがスケールできず、クエリ遅延の発生やコネクション失敗につながる。接続先が1DBインスタンスの場合のRDS Proxyが確保すべき最少IPアドレス数は、**表6.2.1**のとおり

この推奨のIPアドレス最小値は、デフォルトのエンドポイントを使用する際の値です。たとえば書き込みと別に読み取り用のエンドポイントを追加する場合は3IP、リードレプリカを追加する場合は表6.2.1に基づいたIPアドレスがさらに必要です。またRDS Proxyは最大でもVPC内で215個ま

▶ **表6.2.1** 確保すべき最少IPアドレス数

DBインスタンスクラス	サブネット内の最少IPアドレス数
db.*.xlarge以下	10
db.*.2xlarge	15
db.*.4xlarge	25
db.*.8xlarge	45
db.*.12xlarge	60
db.*.16xlarge	75
db.*.24xlarge	110

でしかIPアドレスを使用しません。使用するDBインスタンスクラスにもよりますが、RDS Proxyのサブネットは慎重に検討しましょう。

▶ **セッション固定（ピン止め）による影響**

トランザクションレベルのセッション再利用を「多重化」と呼び、ほかのセッションに影響するようなデータベースへの変更がリクエストされた場合にクライアントからの接続を特定のデータベースに限定することを「固定」と呼ぶ。RDS Proxyではデータベースエンジンごとに特定のステートメントと変数を追跡しており、「固定化」は「多重化」によってデータベースが予期しない動作するのを防ぐ

しかし「固定化」が行われるとその接続はドロップされるまで残り、RDS Proxyの利点である「多重化」がうまく機能しません。この状態が重なるとデータベースへの同時接続数が増え続けて負荷が増大し、最終的にはデータベースへの接続が行えなくなります。このセッション固定による影響を防ぐには、CloudWatchメトリクスで「DatabaseConnectionsCurrentlySessionPinned」を監視し、プロキシがうまく機能しているかどうかをチェックするとよいでしょう。そのほか「固定化」が発生する条件は「参考」の「Amazon RDS Proxy の使用」でご確認ください。

参考：「**Amazon RDS Proxy の使用**」 https://docs.aws.amazon.com/ja_jp/AmazonRDS/latest/UserGuide/rds-proxy.html

6.3

Amazon Aurora

Aurora は RDS で利用できる DB エンジンのひとつで、MySQL やPostgreSQL と互換性があります。Aurora と、Aurora をオンデマンドでオートスケールする Aurora Serverless v2 や Aurora Serverless v1 の特徴をそれぞれ見てみましょう。

Auroraの特徴

Aurora を使用すると、簡単にデータベースのクラスタとレプリケーションを実装・管理できます。

Auroraの構成

Auroraクラスタは、1つ以上のDBインスタンスと1つのクラスタボリュームで構成されます。DBインスタンスには読み取り／書き込みを行うDBインスタンスである「プライマリDBインスタンス」と、読み取りのみサポートしている「Auroraレプリカ」があります（**図6.3.1**）。

RDSでAurora以外のエンジンを使用する場合と比べると、**インスタンスとストレージが分離**されている点が大きく異なります。図6.3.1では右端のAZ-3にAuroraレプリカのある構成にしていますが、もしAZ-3にArora レプリカがない場合でもAZ-3にクラスタボリューム自体は作成されます。このAZにまたがる分散ストレージにより、バックアップや復旧がRDSより高速に行えます。

また、もう少し踏み込むならばAurora「クラスタ」といえど、シングルインスタンスでもかまいません。RDSと比べて割高な印象のあるAuroraですが、構成と運用次第ではRDSよりも費用を押さえられます。

なお図6.3.1は、書き込みできるDBインスタンスが単一である「シングルマスタークラスタ」です。MySQLでは、すべてのDBインスタンスで書き込みが可能な「マルチマスタークラスタ」を構成できます。別のDBインスタンスへ異なる変更リクエストがあった場合は、より早い変更リクエストが承認され、適用されない変更リクエストはトランザクション全体がロールバックされます。

▶**図6.3.1** Auroraクラスタの構成

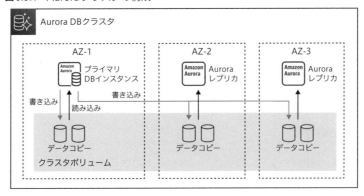

Auroraのバージョン

Auroraは、MySQLやPostgreSQLのコミュニティバージョンに対応した、独自のAuroraバージョン（major.minor.patchと3つの数字で表される）で管理されています。マイナーバージョン（パッチ含む）は自動アップグレードも可能ですが、基本的にアップグレードにはデータベースの停止が伴うことを想定し、開発環境での適用・試験を通して計画的に本番環境で実施しましょう。

当然ながらメジャーバージョンは手動でアップグレードを実施します。適用前のバージョンには制限があります。該当バージョンからのメジャーバージョンアップグレードが可能でも、アップグレード後にアプリケーションが正常に動作しない可能性があるのでご注意ください。またアップグレードを先延ばしにすると最終的にコミュニティサポート期限が切れ、現行以降のメジャーバージョンに自動アップグレードされます。AWSからのサポート終了アナウンスは少なくとも12ヵ月前から行われます。マイナーバージョンのアップグレードを通して正常性確認の試験などに慣れたうえで、メジャーバージョンのアップグレードに備えましょう。

Auroraのレプリケーションとフェイルオーバー

Auroraクラスタのプライマリ DBインスタンスに書き込みが発生すると、通常100ミリ秒以下の遅延でAuroraレプリカ側でも書き込まれたデータを参照できるようになります。Auroraレプリカは最大15台をクラスタに組み込めます。読み取り負荷の高いアプリケーションではAuroraの利用を検討するとよいでしょう。

また複数のリージョンにまたがるグローバルデータベースではリージョン間のレプリケーションはストレージ層のみで行われ、通常は遅延が1秒以内と高速に処理できます。レプリケーション先にDBインスタンスは不要なため、簡易なDR（ディザスタリカバリ：災害復旧）対策として実装するのもよいでしょう。

Auroraクラスタ内でプライマリ DBインスタンスに障害が発生すると、読み取りのみをサポートするAuroraレプリカのうち1台が昇格し、新しいライター（書き込み可能なインスタンス）として機能します。フェイルオーバーの開始から終了までは、通常30秒以内に完了します。なおシングルインスタ

ンスの場合は、障害が発生した AZ に DB インスタンスを作成しようとします。

スケーリング

Aurora は最大128TiB まで容量を自動拡張します。拡張時にデータベースのパフォーマンスに影響はありません。手動で DB インスタンスクラスを変更するとデータベース容量だけではなく CPU やメモリもスケールアップ可能ですが、サービス停止が発生してしまうため注意しましょう。また無停止でインスタンスクラスが自動スケールする Aurora Serverless もあるので、スケーリング面で懸念がある場合は次項の Aurora Serverless の利用を検討します。

Aurora Serverless

Aurora Serverless v2の特徴

DB インスタンスクラスを定義してプロビジョニングする通常の Aurora と異なり、Aurora Serverless では負荷に応じた自動スケールアップ（事前にユーザーが設定した範囲内）、使用していない際の自動スケールダウンを行います。また Aurora Serverless v2 を既存の Aurora クラスタのリーダーインスタンスとした場合、読み取り負荷が上がった際の水平スケーリングとしても利用できます。

Aurora Serverless v2 では、CPU やメモリなどの DB インスタンスクラスを指定しない代わりに、Aurora 容量単位（ACU）の最小値と最大値を0.5〜128ACU の範囲で指定します。1ACU の性能は2GiB のメモリ相当で、ACU が増加すると1ACU に対する比例相当の CPU とネットワーク性能を利用できます。

Aurora Serverless v2とv1の比較

Aurora Serverless には2018年9月に一般提供（GA）が開始された Aurora Serverless v1 と、2022年4月に GA された Aurora Serverless v2 があります。v2 は v1 の欠点や課題を見なおし、よりシステムの運用事情に即した仕様になったものです。しかし完全な上位互換ではなく、使用用途や制限によって選択します。

Aurora Serverless v1 と Aurora Serverless v2 の主な違いは、**表6.3.1** のと

▶ 表6.3.1　Aurora Serverless v1 と v2 の主な違い

項目	Aurora Serverless v1	Aurora Serverless v2
互換可能な MySQLバージョン	Aurora MySQL 2.08.3、または1.22.3以降	Aurora MySQL 3.02.0以降
互換可能な PostgreSQLバージョン	Aurora PostgreSQL 10.21、または11.16以降	Aurora PostgreSQL 13.6、または14.3以降
パブリックIPからの アクセス	できない	できる
マルチAZ構成	できない。すべてのリソースが単一のAZ内で実行され、AZ障害時の復旧はベストエフォート	できる
オートスケールのトリガ	CPU負荷とコネクション数	CPU負荷とメモリ負荷、コネクション数
オートスケールの タイミング	スケーリングポイントと呼ばれるクエリやトランザクションの処理が行われていないとき	考慮の必要なし
Aurora容量単位 (ACU)	クラスタ実行中の最小値は1、停止中は0、最大値はMySQLで256、PostgreSQLで384	最小値は0.5、最大値はMySQLもPostgreSQLも128

おりです(東京リージョン)。

　ほかにもv1では、プロビジョニングされたAuroraと比べると使用できない機能が多く、設定できるパラメータも一部です。その範囲で利用できる場合は、Serverless v2ではなくv1の利用を検討するとよいでしょう。

参考：「**Aurora Serverless v2で開始**」 https://docs.aws.amazon.com/ja_jp/AmazonRDS /latest/AuroraUserGuide/aurora-serverless-v2.upgrade.html

6.4

Amazon DynamoDB

DynamoDBはフルマネージド型のNoSQLデータベースです。NoSQLは「NO SQL」ではなく「Not Only SQL（SQLだけではない）」を意味し、データをXML形式やJSON形式などのドキュメントとして扱います。

DynamoDBの特徴

DynamoDBは高スループットを実現するデータベースです。主な特徴は以下のとおりです。

- **高信頼性**
  - リージョン内3AZへ同期され、高い可用性と耐障害性を兼ね備えている
- **高スループット**
  - テーブルごとのReadとWriteそれぞれにスループットキャパシティを柔軟に割り当てられる
  - オンライン（無停止）でキャパシティを変更可能
- **サーバレス**
  - VPCの設計が不要で、事前に設定するキャパシティに基づいて自動スケーリングできる
  - 容量が無制限で、データのパーティショニング（分割）も自動で行われる

整合性モデル

読み込みの整合性には、「結果整合性のある読み込み」と「強力な整合性のある読み込み」があります。

- **結果整合性のある読み込み**
  - 読み込みスループットが高い
  - 最新の書き込み結果が反映されていない可能性がある
- **強力な整合性のある読み込み**
  - 必ずすべてデータが更新されてから結果を読み込む

DynamoDBはデフォルトで「結果整合性のある読み込み」を行います。DynamoDBでは少なくとも2AZ（アベイラビリティゾーン）で書き込み完了

確認後、およそ1秒以内にAck(確認応答)を返します。書き込み後1秒の間にアクセスした際のデータ不整合(最新のデータとは異なる結果を返す)を許容できる場合は、「結果整合性のある読み込み」のままでよいでしょう。

　DynamoDBで「強力な整合性のある読み込み」とするには、DynamoDBへのリクエスト時にConsistentReadパラメータを使用します。「強力な整合性のある読み込み」では必ずすべての更新された結果を読み込みます。ただし「結果整合性のある読み込み」と比べて(課金単位の一つである)キャパシティユニットを2倍消費するため、費用がかかることに注意しましょう。

　またDynamoDBトランザクション読み込み／書き込みAPIを使用して、DynamoDBのテーブルに対してトランザクション処理(一括処理)を行えます。複数の項目追加や更新、削除が必要な処理では、データに一貫性をもたせるためにトランザクション読み込み／書き込みAPIを使用してください。

キャパシティモードとテーブルクラス

　DynamoDBには「オンデマンドキャパシティモード」と「プロビジョニング済みキャパシティモード」の2種類のキャパシティモードがあります。それぞれの違いを**表6.4.1**に示します。

　キャパシティモードはあとから変更も可能です。ただし以下の制約がありますのでご注意ください。

- ▶ **24時間に1回のみ変更できる**
- ▶ **プロビジョニング済みキャパシティモードからオンデマンドキャパシティモードに変換する場合、マネジメントコンソール経由で実施するとオートスケーリング設定が削除される可能性がある**
- ▶ **AWS CLIやAWS SDKを使用して変更すると、再度プロビジョニング済みキャパシティモードへ戻した際に以前の設定を使用できる**

　オンデマンドキャパシティモードとプロビジョニング済みキャパシティ

▶ **表6.4.1**　キャパシティモードの違い

キャパシティモード	課金箇所	ユースケース
オンデマンド	実際にDynamoDBに対して実行されたデータの読み込み／書き込み	トラフィック量が予測できない場合 使った分支払うほうが都合のよい場合
プロビジョニング済み	必要とされる1秒あたりの読み込み／書き込みの回数 格納されたデータ量	トラフィックが予測可能な場合 コストをコントロールしたい場合

モードはそれぞれの費用体系があり、単位や請求内容が異なります。また読み込み／書き込みだけではなく、バックアップやデータ転送などにも別途費用がかかります。とはいえ、インスタンスを用いる RDS などと比べると多くの場合で費用を削減できます。詳細はそれぞれのモードでご確認ください。

> 参考：「オンデマンドキャパシティの料金」 https://aws.amazon.com/jp/dynamodb/
> pricing/on-demand/
>
> 「プロビジョンドキャパシティの料金」 https://aws.amazon.com/jp/dynamodb/
> pricing/provisioned/

またすべてのテーブルはテーブルクラスに紐付いており、デフォルトのテーブルクラスは「DynamoDB 標準」です。アクセス頻度の低いテーブルは、「DynamoDB 標準-IA」のように「IA（Infrequent Access）」が付いたクラスを選択すると、作成時または既存のテーブルの変更でコストを削減できます。読み込み／書き込みよりもストレージ費用が高い場合には、テーブルクラスの変更を検討するとよいでしょう。

DynamoDB Accelerator（DAX）

DynamoDB Accelerator（DAX）はフルマネージド型のインメモリキャッシュデータベースで、応答時間がマイクロ秒と高パフォーマンスです。応答時間がミリ秒単位である DynamoDB よりもスピードを求められるケースで、単独または DynamoDB と組み合わせて利用します。

DAX は通常の DynamoDB と異なり VPC 環境で動作します。マルチ AZ 構成の DAX クラスタとすると、高可用性と高パフォーマンスを実現します。低レイテンシのためのサービスであり、「強力な整合性のある読み込み」を必要とするアプリケーションには向きません。

後段に DynamoDB を配置した**図6.4.1**の構成の動作は、以下のとおりです。

❶「結果整合性のある読み込み」のリクエストの結果を DAX から読み込もうとする。DAX に項目があればアプリケーションへレスポンスを返す

❷「強力な整合性のある読み込み」リクエストや DAX に項目がないものは、後段の DynamoDB へリクエストを渡す。単に DAX に項目がない場合は、DynamoDB からのレスポンスを DAX のキャッシュに書き込む

DAXが対応するAPIコールは、GetItemやBatchGetItem、Query、Scanです。対応するAPIコールに関しては「参考」の「DAX：仕組み」を参照ください。

参考：「DAX：仕組み」 https://docs.aws.amazon.com/ja_jp/amazondynamodb/latest/developerguide/DAX.concepts.html

DynamoDBの設計

テーブルのKeyやIndex

DynamoDBのテーブルの構成を**図6.4.2**に示します。

ほかの多くのデータベースと同じように、DynamoDBでもプライマリキーが必要です。DynamoDBのプライマリキーは以下の2種類です（**表6.4.2**）。

▶**図6.4.1** DAXを利用した構成

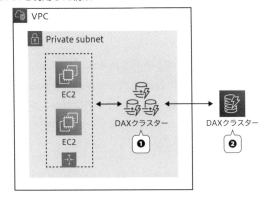

▶**図6.4.2** DynamoDBのテーブル構成

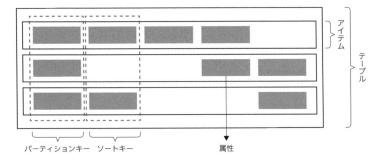

▶表6.4.2　パーティションキーとソートキー

キー名	必須	備考
パーティションキー	○	テーブルのアイテムはパーティションという領域に配置される。パーティションキーの値を元に配置先のパーティションが決定する
ソートキー	—	パーティション内でソートキーを元に並び替えたり、検索時の範囲指定に使用したりする

- ▶ パーティションキーのみ
- ▶ パーティションキーとソートキー

　ソートキーはパーティションキーが同一であるアイテムに対して、並びを保証するために使用されます。なお、プライマリキー以外はアイテム間で属性の入力差異があっても問題ありません。たとえばテーブルにA〜Dカラムがあり、Aカラムがパーティションキーの場合、アイテム1ではパーティションキー(Aカラム)のみ、アイテム2ではパーティションキーとBカラム、アイテム3ではパーティションキーとC、Dカラムとする構成を取れます。

　どんなデータが読み込み／書き込みされるのか、どんな検索が発生するのか、その応答にはどのくらいのレイテンシが見込まれるのかなど、アプリケーションで要求される情報をもとにテーブルやキーを設計します。またセカンダリインデックスを設定し、高速な検索を実現します。詳細は以下の「参考」をご確認ください。

> 参考：「パーティションキーを効率的に設計し、使用するためのベストプラクティス」 https://docs.aws.amazon.com/ja_jp/amazondynamodb/latest/developerguide/bp-partition-key-design.html
>
> 「ソートキーを使用してデータを整理するためのベストプラクティス」 https://docs.aws.amazon.com/ja_jp/amazondynamodb/latest/developerguide/bp-sort-keys.html
>
> 「DynamoDB でセカンダリインデックスを使用するためのベストプラクティス」 https://docs.aws.amazon.com/ja_jp/amazondynamodb/latest/developerguide/bp-indexes.html

変更データのキャプチャ

　DynamoDBには、DynamoDBに対して行われた追加・変更・削除の履歴を保持・取り出し可能な機能があり、DynamoDBへの変更に対してアクシ

ョンを設定したい場合に利用できます。

変更データをキャプチャするには、「DynamoDB用Kinesis Data Streams」か「DynamoDB Streams」のモデルを使用します。2種類のモデルの違いを**表6.4.3**に示します。

多くのアクションを設定し高スループットが必要な場合は、「DynamoDB用Kinesis Data Streams」を使用するとよいでしょう。24時間変更履歴を保持したあと、その後消去されても問題ない場合は「DynamoDB Streams」でコストを抑えられます。

▶**表6.4.3** DynamoDB用Kinesis Data StreamsとDynamoDB Streamsのモデル

プロパティ	DynamoDB用Kinesis Data Streams	DynamoDB Streams
データ保持期間	1年まで	24時間
Kinesis Client Library (KCL)サポート	KCLバージョン1.Xおよび2.Xサポート	KCLバージョン1.Xサポート
コンシューマ数	シャードごとに最大5つの同時コンシューマ(ファンアウトが強化されたシャードの場合は最大20)	シャードごとに最大2つの同時コンシューマ
スループットクォータ	無制限	DynamoDBテーブルとAWSリージョンのスループットクォータによる
レコードの配信モデル	GetRecords使用してHTTP経由でモデルをプル、ファンアウトを強化するとSubscribeToShardを使用してHTTP/2経由でレコードをプッシュ	GetRecordsを使用したHTTP経由のプルモデル
レコードの順序	各ストリーミングレコードのタイプスタンプ属性	DynamoDBへの変更と同じ順序
重複レコード	表示される場合がある	表示されない
ストリーミング処理オプション	AWS LambdaやKinesis Data Analytics、Kinesis Data Firehose、AWS Glue Streaming ETLを使用してストリームレコードを処理可能	AWS LambdaやDynamoDB Streams Kinesis adapterを使用してストリームレコードを処理可能
耐久性	AZレベルの自動フェイルオーバー	AZレベルの自動フェイルオーバー

第 **7** 章

ストレージ

どんなシステムにもデータを保存する領域が必要です。AWSの主要なストレージサービスにはAmazon S3やAmazon EFS、Amazon EBSがあります。特に大容量のデータを保存する際は、アクセス頻度によってストレージクラスを変更すると大幅に費用を削減できるため、それぞれのサービスの特徴を理解しましょう。

7.1

ストレージの種類と選択

AWSのストレージサービス

AWSでデータを保存する場合、以下の4つのストレージが候補として挙がります。

- ▶ Amazon S3 (以下、S3)
- ▶ Amazon EFS (以下、EFS)
- ▶ Amazon FSx (以下、FsX)
- ▶ Amazon EBS (以下、EBS)

それぞれのストレージにどんな違いがあり、使い分けるのかを**表7.1.1**に示します。

クラウドのファイルストレージとしてNetAppやLustreを使用する場合やWindows系のEC2インスタンスからCIFS/SMBマウントして使用する場合は、FSxを選択します。EFSは以前、読み書き速度などのパフォーマンスがEBSより低いことが問題でしたが、2022年2月にAWSの公式ブログでEFSのパフォーマンス向上（1秒あたりの読み取り操作を400％増加、クライアントごとのスループットを100％増加、さらに読み取りスループット

▶**表7.1.1** AWSのストレージサービス

AWSサービス名	特徴	利用ケース
Amazon S3	容量無制限のオブジェクトストレージ HTTPSなどでアクセス可能なエンドポイントを提供	外部からのデータ受信、大量データの保存
Amazon EFS	Linux系からマウント可能なファイルストレージ 容量無制限	Linux系のEC2インスタンスの共有ストレージ
Amazon FSx	NetAppやOpenZFS、Windowsファイルサーバ、Lustreのフルマネージド共有ストレージ	オンプレミスでのバックアップと長期保存（オンプレミスのストレージの複製）
Amazon EBS	Amazon EC2からマウントするブロックストレージ SSDベースとHDDベースがある	EC2インスタンスから高速でアクセスしたいデータの保存

を3倍増加）がアナウンスされたことで、EBSよりもEFSを選択しやすくなりました。Linux系のEC2インスタンスのデータ保存先として、または複数のサーバからアクセスできるデータストレージとしてEFSがお勧めです。

　大量のデータを保存したい場合は、データ容量単価の低いS3を選択するとよいでしょう。S3については、7.2節で詳しく紹介します。AWS Lambda（以下、Lambda）や複数のLinux系EC2インスタンスからデータを利用したい場合は、可用性・拡張性の高いEFSを選択するとよいでしょう。EFSについては、7.3節で詳しく紹介します。EC2インスタンスのデータディスクとして利用するEBSについては、クラウドとしての機能は少ないため次項で簡単に紹介します。

Amazon EBS

　EBSは、オンプレミスのサーバでたとえると、搭載する物理ディスクにあたります。EBSはパフォーマンス特性と料金が異なるSSDとHDDのボリュームを提供しています。そのボリュームに保存するデータのサイズや読み書き頻度、パフォーマンスの重要性などの要件により、ボリュームタイプを選択します。

　またEC2のインスタンスタイプには「Amazon EBS最適化インスタンス」と呼ばれる、EBSボリュームのパフォーマンスを最適化するものがあります。デフォルトでEBS最適化するものと、設定によりEBS最適化をするものがありますので、パフォーマンス要件が高い場合はEBS最適化インスタンスを選択するようにしましょう。

> 参考：「Amazon EBS 最適化インスタンスを使用する」 https://docs.aws.amazon.com/ja_jp/AWSEC2/latest/UserGuide/ebs-optimized.html

　EBSはS3やEFSと異なり、格納される容量に従ってデータ保存領域を**自動で拡張しません**。ボリュームの追加・拡張はできますが、その際にはEC2インスタンスを停止する必要があります。

　またEBSの費用はプロビジョニングされたストレージの総量に対して発生します。つまり（無料枠を除いて考えると）100GBのEBSボリュームがEC2インスタンスに紐付いている場合に、もしEC2インスタンスが停止していてボリュームが使用されていなくても100GB/月の費用が発生します。

ストレージ費用を抑えるために、データ量の増加に伴って段階的にストレージ容量を増加させる場合は、サービス停止の発生も考慮に入れるようにしましょう。

使用していないEBSボリュームのスナップショットを取得してEBS自体を削除すると、費用を削減できます。そのほか、空きディスク容量をOS上で確認または取得したAmazon CloudWatchのメトリクスを確認して、今よりも小さいボリュームサイズに移し替えることも費用削減に役立ちます。

7.2

Amazon S3

S3の特徴

S3は容量無制限のフルマネージド型オブジェクトストレージです。S3は1オブジェクトが最大5TBの制限はありますが、オブジェクトの数や容量に制限はありません。

S3は内部的に数々のAWSサービスのデータ保存で使われています。たとえばEC2のAMIやEBSスナップショット、VPCのトラフィック状況を記録するVPCフローログ、AWS CloudFormationのスタックテンプレートなどがS3に保存されています。多量なログが保管されるS3ではストレージクラスを利用して費用を削減します。

またインターネット上からのアクセスを受け付けるS3には、適切なセキュリティ対策が必要です。IAMやアクセスコントロールリスト（ACL）、バケットリスト、S3 Access Points、クエリ文字列認証など対策の選択は多岐にわたります。それぞれの設定方法や防御できる範囲の攻撃を理解しましょう。

S3のストレージクラスとライフサイクル

S3には用途や費用が異なる8つのストレージクラスがあります。1つのバケットには複数のストレージクラス（S3 Standard、S3 Intelligent-Tiering、

S3 Standard-IA、S3 One Zone-IA)に格納されたオブジェクトを含められます。ただし、アーカイブ用途のストレージクラス(オンプレミスで利用するストレージクラスS3 on Outposts を除く)は、別バケットとする点にご注意ください。

　ストレージクラスの種類と用途を**表7.2.1**に示します。

▶ **表7.2.1**　S3のストレージクラスの種類と用途

カテゴリ	ストレージクラス	特徴	ユースケース
汎用	S3 Standard	低レイテンシ・高スループットなストレージクラス	アクセス頻度の高いミッションクリティカルな本稼働データ
不明なアクセスまたはアクセス権の変更	S3 Intelligent-Tiering	高頻度アクセス、低頻度アクセス、まれなアクセス用に最適化された3つの低レイテンシアクセス階層間でデータを自動的に移動して、ストレージコストを最適化するストレージクラス	データへのアクセスパターンが変化する、不明、または予測できない場合
低頻度アクセス	S3 Standard-Infrequent Access (S3 Standard-IA)	S3 Standardと同じ低レイテンシ・高スループットだが、ストレージ保存料金が安く、取り出す際にも費用が発生するストレージクラス	アクセス頻度の低いデータかつ高可用性を確保する場合
	S3 One Zone-Infrequent Access (S3 One Zone-IA)	S3 Standardと同じ低レイテンシ・高スループットでS3 Standard-IAより20%程度費用を削減できるストレージクラス	アクセス頻度の低いデータかつゾーン障害には非対応でよい場合。長期保存、バックアップ、災害対策ファイルのデータストア用
アーカイブ	S3 Glacier Instant Retrieval	アクセス頻度が低いが即時アクセス可能で、S3 Standard-IAよりも費用を削減できるストレージクラス	即時アクセスを必要とするアーカイブデータ
	S3 Glacier Flexible Retrieval	アクセス頻度が低く非同期で取り出されるアーカイブデータ。S3 Glacier Instant Retrievalより最大10%程度費用を削減できる	即時アクセスを必要としないアクセス頻度の低い長期データ用
	S3 Glacier Deep Archive	データの読み出しに時間はかかる(最大12時間)が、保存コストが最も安いストレージクラス	クラウド上で最も低コストとなるストレージ。数時間で取り出し可能な長期アーカイブやデジタル保存用。セキュリティ要件で長期保存するときなどに利用
オンプレミス	S3 on Outposts	オンプレミスのストレージにクラウドと同じS3機能やAPIを利用できるストレージクラス	オンプレミスのストレージでS3と同じ機能を利用したいケース

S3にはライフサイクルを設定できます。ライフサイクルポリシーを設定すると、設定した期限で別のストレージクラスへ移行します。ただし、**図7.2.1**に示すとおり、すべてのストレージクラスへ移行できるわけではありません。より低頻度なアクセスのストレージクラスや、よりデータ復旧に時間のかかるアーカイブへの移行がサポートされていると覚えておきましょう。

アクセス頻度や取り出すのに必要な時間を鑑み、設定期間後にどのストレージクラスに移行するのかを設計し、費用を低減させましょう。**10GB**と**100TB**を各ストレージクラスで保存した際の費用比較（東京リージョン）を**表7.2.2**に示します（ダウンロードやアップロードにかかる費用は含まれません）。なお、1ドル130円として計算しています。

表7.2.2ではS3 Intelligent-Tieringストレージクラスは除いています。S3 Intelligent-Tieringではオブジェクト1,000件あたりの費用がかかり、アクセス頻度でストレージクラスも変わるため、条件によっては割高になることに注意してください。

▶**図7.2.1** ストレージクラスの移行制限

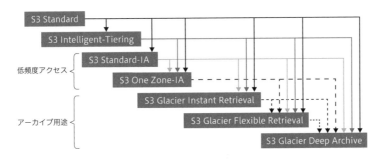

▶**表7.2.2** 各ストレージクラスで保存した際の費用例

ストレージクラス	10GBのストレージ費用/月	100TBのストレージ費用/月
S3 Standard	32.5円	326,144円
S3 Standard-IA	約18円	約183,706円
S3 One Zone-IA	約14円	約146,432円
S3 Glacier Instant Retrieval	6.5円	66,560円
S3 Glacier Flexible Retrieval	5.85円	59,904円
S3 Glacier Deep Archive	2.6円	26,624円

　10GBのデータ保存費用をほかのストレージサービスと比較すると、EC2の内部ストレージであるEBSは標準的なgp2で156円/月となり、**S3 Standardの5倍**ほど高くなります。EFSでも高頻度アクセスの割合を20%としたときは約122円/月、80%としたときは約381円/月と**S3 Standardの4〜11倍**ほど高くなります。容量が大きくなればなるほど、S3への保存やS3のストレージクラス変更による恩恵を受けられるでしょう。

S3のセキュリティ

S3のデータ保護

　S3内のデータは「サーバ側の暗号化」機能によりオブジェクトレベルで3パターンの暗号化方式があります。2023年1月からS3に追加されるすべての新しいオブジェクトにはSSE-S3での暗号化が自動的に適用されるようになりました。監査や鍵の一元管理が不要であれば、追加費用がかからず管理の手間もないSSE-S3を利用するとよいでしょう。

　▶ **S3が管理するキーによるサーバ側の暗号化(SSE-S3)**
　　▶ ユーザー側が鍵の管理を意識しない暗号化
　▶ **KMSキーによるサーバ側の暗号化(SSE-KMS)**
　　▶ 誰がいつそのキーを使用したのか監査できる暗号化
　▶ **ユーザーが設定するサーバ側の暗号化(SSE-C)**
　　▶ ユーザーが鍵を作成、管理する暗号化

S3のアクセスポリシーの全体像

　S3ではリソースベースのポリシーとユーザーポリシーを利用して、リソースへのアクセスを管理できます。リソースベースのポリシーにはバケットポリシー、バケットアクセスコントロールリスト(ACL)、オブジェクトACLの3種類があります。ただし、現在多くのユースケースでは、バケットACLやオブジェクトACLを使用する必要がありません。バケットACLやオブジェクトACLを利用するケースは以下のパターンです。

　▶ **バケットACLを利用するケース**
　　▶ Amazon CloudFrontなどのawslogsdeliveryアカウントに許可を与えるパターン
　▶ **オブジェクトACLを利用するケース**

▸ 他AWSアカウントがバケットやオブジェクトにアクセスするパターン
▸ オブジェクトごとにアクセス権限を管理したいパターン

AWSアカウント内のIAMユーザーやAWSリソースにS3のオブジェクトへアクセスする権限を与える場合は、バケットポリシーまたはユーザーポリシーを使用します。

バケットポリシーはS3で、ユーザーポリシーはアクセスするIAMユーザーで設定するIAMポリシーです(**図7.2.2**)。

同一アカウント内のS3アクセスであれば、バケットポリシーまたはユーザーポリシーどちらかで許可されていればアクセスできます。設定内容や管理の工数を鑑みてポリシーを適用する対象を使い分けるとよいでしょう。たとえば、特定のバケットやオブジェクトに対して個別にアクセス制御したい場合は、バケットポリシーを使用します。アクセスできるバケットをユーザーごとに制御したい場合は、ユーザーポリシーを使用します。

なおバケットポリシーとユーザーポリシーで同じ対象へ異なるアクセス制限がされている場合(拒否と許可など)は、**より厳しい制限が適用される**ことに注意してください。

バケットポリシー

バケットポリシーの例を以下に示します。例では`EXAMPLE-BUCKET`というバケットに含まれるすべてのオブジェクトに対して、`GetObject`、`GetObjectVersion`(オブジェクトやそのバージョンを取得)をすべての

▶**図7.2.2** バケットポリシーとユーザーポリシー

プリンシパル(リクエストの主体)に許可しています。

```
{
    "Version": "2012-10-17",
    "Statement": [
        {
            "Sid": "AllowReadAccessToEveryone",
            "Effect": "Allow",
            "Principal": "*",
            "Action": [
                "s3:GetObject",
                "s3:GetObjectVersion"
            ],
            "Resource": [
                "arn:aws:s3:::EXAMPLE-BUCKET/*"
            ]
        }
    ]
}
```

ユーザーポリシー

ユーザーポリシーの例を以下に示します。例では`ListAllMyBuckets`(すべてのバケットを表示)を許可、`EXAMPLE-BUCKET`バケットに対して`ListBucket`(バケットの中身を表示)、`GetBucketLocation`を許可、`EXAMPLE-BUCKET`バケットに含まれるすべてのオブジェクトに対して`GetObject`、`GetObjectAcl`、`PutObject`、`PutObjectAcl`、`DeleteObject`(オブジェクトの取得・アップロード、ACLの表示・設定、オブジェクトの削除)を許可しています。

```
{
    "Version":"2012-10-17",
    "Statement":[
        {
            "Effect":"Allow",
            "Action": "s3:ListAllMyBuckets",
            "Resource":"*"
        },
        {
            "Effect":"Allow",
            "Action":["s3:ListBucket","s3:GetBucketLocation"],
            "Resource":"arn:aws:s3:::EXAMPLE-BUCKET"
        },
        {
```

```
      "Effect":"Allow",
      "Action":[
        "s3:PutObject",
        "s3:PutObjectAcl",
        "s3:GetObject",
        "s3:GetObjectAcl",
        "s3:DeleteObject"
      ],
      "Resource":"arn:aws:s3:::EXAMPLE-BUCKET/*"
    }
  ]
}
```

なお、ほかのAWSアカウントからS3へファイルを送信するなどの場合は、アクセス権の設定に注意が必要です。--acl bucket-owner-full-controlオプションを付けずにアップロードした**ファイルの所有者はアップロードを行ったAWSアカウント**となるため、アップロード先のS3バケットを所有するAWSアカウントはそのファイルを管理できません。

ほかのAWSアカウントからアップロードされたファイルを強制的に管理するには、「オブジェクト所有者」の設定で「ACL有効」としたうえで「希望するバケット所有者」にします（**図7.2.3**）。

> **参考:「バケットポリシーの例」** https://docs.aws.amazon.com/ja_jp/AmazonS3/latest/userguide/example-bucket-policies.html#example-bucket-policies-use-case-2
>
> **「ユーザーポリシーの例」** https://docs.aws.amazon.com/ja_jp/AmazonS3/latest/userguide/example-policies-s3.html
>
> **「オブジェクトの所有権の制御とバケットのACLの無効化」** https://docs.aws.amazon.com/ja_jp/AmazonS3/latest/userguide/about-object-ownership.html#object-ownership-changes

パブリックアクセスのブロック

S3へのパブリックアクセスのブロック設定は、ほかのアクセスポリシーやアクセス許可を上書きしてインターネットを介したS3へのアクセスを制限します。

パブリックアクセスのブロック設定は、アクセスポイント、バケット、AWSアカウント全体それぞれに適用できます。設定内容が競合する場合は、最も制限の厳しい設定を適用します（許可と拒否があれば拒否となります）。

▶ **図7.2.3** オブジェクト所有者の設定

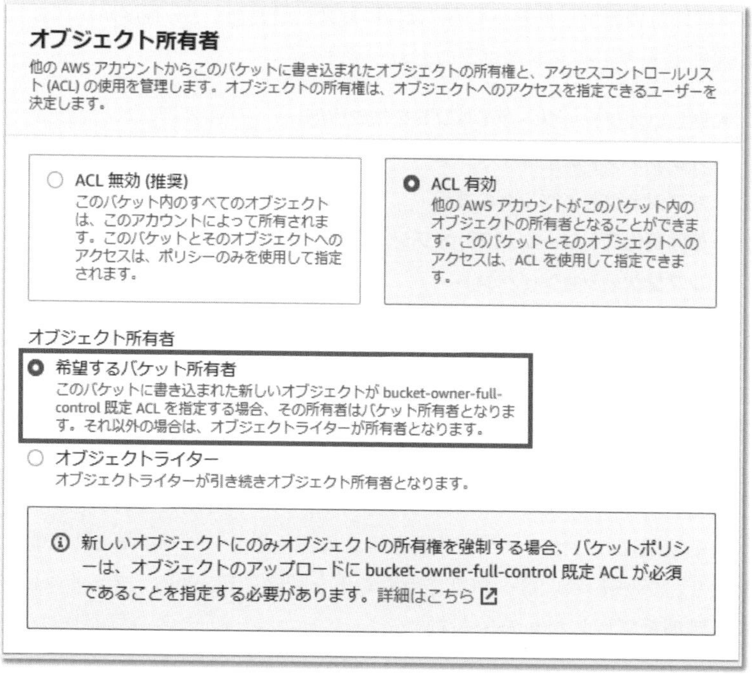

そのほかのセキュリティ設定

　S3へのアクセス権限を管理するサービスとして、S3 Access Pointsがあります。S3 Access PointsはS3にアクセスするための入口となるアクセスポイントを作成でき、アクセスポイントを経由した接続に対する権限設定を管理できます（設定はアクセスポイント単位）。ポリシーが増えて管理が煩雑になる場合は、利用するとよいでしょう。

　クエリ文字列認証では、連結したリクエストのクエリ文字列をAWSシークレットアクセスキーでハッシュ化し、これをリクエストパラメータに含めます。S3側は送信者のAWSシークレットアクセスキーから受信メッセージの検証を行います。

S3イベント通知

　S3では、PUTやPOST、COPY、DELETEなどのイベントをAmazon

EventBridge や Amazon SNS、Amazon SQS、Lambda へ通知できます。イベント通知が到達するまで基本的には数秒程度、最長だと1分程度かかります。通知できるイベントは以下のとおりです。

- ▶ 新しいオブジェクトがイベントを作成した
- ▶ オブジェクトの削除イベント
- ▶ オブジェクトイベントの復元
- ▶ 低冗長化ストレージ(RRS)オブジェクトがイベントを紛失した
- ▶ レプリケーションイベント
- ▶ S3 ライフサイクルの有効期限イベント
- ▶ S3 ライフサイクルの移行イベント
- ▶ S3 Intelligent-Tiering 自動アーカイブイベント
- ▶ オブジェクトのタグ付けイベント
- ▶ オブジェクト ACL PUT イベント

有効期限切れによるストレージクラスの移行をメールやチャットで通知したり、ファイルが S3 へ PUT されたことを契機に Lambda でファイルに対する処理を実行したりできます。

7.3

Amazon EFS

EFSの特徴

EFS は NFS ファイルシステムのフルマネージド型ストレージです。EFS のファイルシステムはファイルの追加や削除に応じて自動的に拡大・縮小するため、前もって必要な容量を見積もらなくて済みます。

また EFS は EC2 インスタンスからだけではなく、Amazon ECS や Amazon EKS などのコンテナや Lambda からのアクセスもサポートされています。インターネットからのアクセスが不要かつコストが問題にならなければ、システムのストレージとして EFS を選択するとよいでしょう。

EFSの使い方

EFSはNFSファイルシステムであり、アクセスして使用するためには通常のLinuxで必要とされる以下の操作を行います（EC2 Windowsインスタンスからのマウントはサポートされません）。

- **クライアントのインストール**
  - Amazon EFSクライアント（amazon-efs-utils）、botocoreパッケージをインストール
- **ファイルシステムのマウント**
  - mountコマンドでEFSファイルシステムをマウント
- **自動マウント設定**
  - 再起動時にEFSファイルシステムを自動マウントするように設定する
  - EFSマウントヘルパー（EFSクライアントに含まれる）を使用する場合と使用しない場合で/etc/fstabの記載方法が異なる

なお上記の一連の流れは、EC2作成時にファイルシステムでEFSファイルシステムを選択すると、マウントするまでのコマンドが自動的に組み込まれます。そのしくみを利用するほうが簡単でしょう。

EFSのアクセス制御

EFSはVPC内のサービスです。サブネット内のEC2インスタンスは、サブネットごとにマウントターゲットと呼ばれるENIを経由してEFSへアクセスします（**図7.3.1**）。アクセス権限を最小化させるため、マウントターゲットに適用するセキュリティグループには、送信元のEC2インスタンスをソースとしたTCP2049ポートへのアクセスをインバウンドで許可するようにします。なお、接続するOSユーザーも制限したい場合は、OSのファイアウォールルールを使用してください。

ネットワークアクセスを制御する以外のアクセス制御は、「IAM認証」と「NFSレベルのアクセス制御」の2種類があります。

▶ **図7.3.1**　EFSの構成図

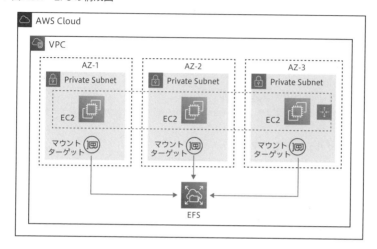

▶ **IAM認証**
  ▶ 接続元のEC2インスタンスなどに適用するインスタンスプロファイルやAWS CLI
    認証情報ファイル（~/.aws/credentials）またはAWS CLI設定ファイル（~/.aws/
    config）にあるIAM認証情報を使用する
  ▶ EFSヘルパーの使用が必須
▶ **NFSレベルのアクセス制御**
  ▶ EFSファイルシステムに作成した特定のパス（/home/alice）をアクセスポイント
    に設定しルートとしてマウントすることで、業務上不要なほかのパスへアクセス
    させなくする
  ▶ アクセスポイント設定時に指定したユーザーID、グループIDなどでファイル操
    作を行わせる（アクセス元のユーザーID・グループIDが上書きされる）

　EFSファイルシステムを作成すると、デフォルトではルートユーザー
（UID 0）のみが読み取り・書き込み・実行権限を持ちます。EFS作成後の
初回マウント時には必要なディレクトリを作成し、EFSアクセスポイント
によるアクセス制御を行うようにしましょう。なおLambdaからはEFSフ
ァイルシステムのルートにはアクセスできず、必ずアクセスポイントを指
定する必要があります。

EFSの可用性とライフサイクル

　1年で99.999999999%（イレブンナイン）の稼働率を目標としているEFS

には、複数のAZにデータを保存する2つの「標準ストレージクラス」と、単一のAZ内に（冗長的に）データを保存する2つの「1ゾーンストレージクラス」、計4つのストレージクラスがあります（**表7.3.1**）。また必要に応じてEFS Replicationを使用して、別のAWSリージョンまたは同じリージョン内にデータコピーをして耐障害性を高められます。

　表7.3.1に記載されている料金は、単純にEFSで利用される容量に課金されるものです。そのほかにも使い方によっては以下の料金（2023年4月現在）がかかる可能性があります。詳細は「参考」の「Amazon EFSの料金」を参照してください。

- ▶ 低頻度アクセスリクエスト（低頻度アクセスストレージへのアクセスリクエスト）が1GB転送あたり0.012USD
- ▶ Elasticスループットリクエスト-Data and Metadata読み取りが転送1GBあたり0.04USD
- ▶ Elasticスループットリクエスト-Data and Metadata書き込みが転送1GBあたり0.07USD
- ▶ プロビジョニングするスループット（データ容量から独立してアプリケーションで必要とされるスループットを確保する）がMB/秒で7.20USD
- ▶ AWS Backupのウォームストレージが1GBあたり0.06USD
- ▶ AWS Backupのコールドストレージが1GBあたり0.012USD

　参考：「Amazon EFSの料金」 https://aws.amazon.com/jp/efs/pricing/

　EFSのライフサイクル管理を有効にすると、有効期限の切れたファイルをたとえばEFS標準からEFS標準-IAストレージクラスへ自動的に移行し

▶ **表7.3.1** EFSのストレージクラス

ストレージクラス	マルチAZ	対象	料金（東京リージョン）
Amazon EFS標準	○	高可用性が「必要」で、頻繁にアクセスされるデータ	0.36USD/月
Amazon EFS標準低頻度アクセス（EFS標準-IA）	○	高可用性が「必要」で、長期間保存するアクセス頻度が低いデータ	0.0272USD/月
Amazon EFS 1ゾーン	—	高可用性が「不要」で、頻繁にアクセスされるデータ	0.192USD/月
Amazon EFS1ゾーン-低頻度アクセス（EFS 1ゾーン-IA）	—	高可用性が「不要」で、長期間保存するアクセス頻度が低いデータ	0.0145USD/月

ます。また、EFS Intelligent-Tieringを利用すると単なる期限ではなく、その期限の中でアクセスされないファイルをより費用のかからないストレージクラスへ移動もできます。そのデータが再びアクセスされると自動的にEFS標準またはEFS1ゾーンへ戻すため、「低頻度アクセスリクエスト」費用が永続的にかかることはありません。

第 **8** 章

アプリケーション統合

クラウドでは障害が起こることを前提としてシステムを設計します。障害に強く回復性に優れたシステムを構築するには、コンポーネントを疎結合にする必要があります。AWSでコンポーネントを疎結合にするサービスをアプリケーション統合サービスと呼びます。仲介できるAWSサービスやその特徴を理解しましょう。

8.1

アプリケーション統合サービスの種類と選択

アプリケーション統合サービス

AWSでは疎結合されたコンポーネント間をつなぐサービスをアプリケーション統合サービスと呼んでいます。アプリケーション統合サービスには**表8.1.1**の種類があります。

前段・後段で連携するAWSサービスやその内容は、それぞれのAWSサービスによって変わります。表8.1.1のアプリケーション統合サービスはAWSのマネージドサービスのため、高い可用性とスケーラビリティを備えており、障害の検出やリトライ動作を設計しておくことで障害に強いシステムを構成できます。

▶**表8.1.1** AWSのアプリケーション統合サービス

カテゴリ	AWSサービス	特徴
API管理	Amazon API Gateway	後段にLambdaやDynamoDBなどを配置するWebアプリケーションのAPIを提供
	AWS App Sync	後段にLambdaやDynamoDBなどを配置しGraphQLで開発するバックエンドのAPIを提供
イベントバス	Amazon EventBridge	AWSサービスが発行するさまざまなイベントをトリガに、別AWSサービスと連携する
メッセージング	Amazon Simple Notification Service (SNS)	CloudWatchアラームやLambdaなどからキックされ、pub/sub、SMS、電子メール、モバイルプッシュ通知を行う
	Amazon Simple Queue Service (SQS)	マイクロサービスやサーバレスアプリケーションのデータを疎結合化する
	Amazon MQ	Apache ActiveMQおよびRabbitMQ向けのマネージド型メッセージブローカサービス
コードなしでのAPI統合	Amazon AppFlow	SlackなどのサードパーティSaaSサービスと連携し、RDSなどに格納したデータを分析できるようにする
ワークフロー	AWS Step Functions	複数のAWSサービスを使って視覚的にワークフローを作成できる
	Amazon Managed Workflows for Apache Airflow (MWAA)	Apache Airflowのマネージドオーケストレーションサービス

本章ではシステムを構築するうえで利用頻度の高いAmazon API Gateway（以下、API Gateway）とAmazon EventBridge（以下、EventBridge）に焦点を当てて解説します。AWS Step Functionsは11.3節「AWS Step Functions」で解説していますので、そちらを参照ください。

8.2

Amazon API Gateway

API Gatewayは、簡単にAPIを作成・管理できるフルマネージドなサービスです。

API Gatewayの特徴

API Gatewayは2種類のAPIを用意しています。バックエンドへのプロキシ機能を持つステートレスなRestful APIと、チャットなどのリアルタイム双方向通信を実現するステートフルなWebSocket APIです。

RESTとはREpresentational State Transferの略で、情報をURL（*Uniform Resource Locator*）として定義し、GETやPUTなどのHTTPメソッドで扱います。WebSocketはリクエストを受け取って応答するREST APIと異なり、クライアントアプリケーションとバックエンド間の双方向性通信をサポートし、ひとつのコネクションで継続的にデータ送受信を行う特徴があります。

API GatewayのRestful APIは、HTTP APIとREST APIに分かれます。WAF（*Web Application Firewall*）の統合やクライアントごとのスロットリングなど多機能なREST APIに比べて、HTTP APIでは機能を絞り費用を抑えられます。機能差に関しては「参考」の「REST APIとHTTP API間で選択する」をご覧ください。

ここではバックエンドのシステムやデータをAPI経由で取得する場合を想定し、REST APIの設計について説明します。

参考：「REST APIとHTTP API間で選択する」 https://docs.aws.amazon.com/ja_jp/apigateway/latest/developerguide/http-api-vs-rest.html

REST APIエンドポイントの種類

　API Gatewayへのトラフィック発信元の場所に応じて、APIエンドポイントタイプ（エッジ最適化APIエンドポイント、リージョンAPIエンドポイント、プライベートAPIエンドポイント）を選択します。アクセス元とのレイテンシに関わってくるため、システムに合ったエンドポイントを選択しましょう。

- ▶ **エッジ最適化APIエンドポイント**
  - ▶ API Gateway REST APIのデフォルトのエンドポイントタイプ
  - ▶ 最寄りのCloudFront POP（*Point Of Presence*）にルーティングされる
  - ▶ リージョンをまたいだアクセスが見込まれる場合に選択
- ▶ **リージョンAPIエンドポイント**
  - ▶ クライアントが同じリージョン内である場合に選択
  - ▶ 複数リージョンへもデプロイできる
- ▶ **プライベートAPIエンドポイント**
  - ▶ VPC内からのみアクセスする場合に選択
  - ▶ エッジ最適化APIエンドポイントやリージョンAPIエンドポイントから変更可
  - ▶ プライベートAPIエンドポイントからリージョンAPIエンドポイントへは変更可（エッジ最適化APIエンドポイントへは不可）

REST APIのデプロイとステージ

　APIは任意のステージにデプロイするとクライアントからアクセスできるようになります。ステージは複数設定できるため、API Gatewayの変更をすぐに本番環境へ適用するのではなく、たとえばまずは開発ステージへデプロイしテストを実施、テストが問題なければ本番のステージへデプロイするようにします。

　多くの場合、API Gatewayの後段に配置するAWS Lambda（以下、Lambda）やAmazon ECS（以下、ECS）などの方がアプリケーションを変更する頻度が高いでしょう。LambdaやECSなどのコンテナでもBlue/Greenデプロイなどデプロイ方法を工夫し、ヒューマンエラーやバグなどによる障害を本番環境で発生させないようにしてください。

　またステージ名はエンドポイントのパス名の一部に利用されるため、ユーザーから見えても問題のない、かつ推測されにくい名前にするとよいでしょう。

REST APIのメソッド設定

REST APIでアクセスするURLでユーザーが設定する部分(ステージ名を除く)は、「リソース」と呼ばれます。URLの構造は**図8.2.1**のとおりです。

ユーザーがリクエストできるHTTPメソッドは、GETやPOST、PUT、HEAD、DELETE、OPTIONS、PATCHの7つとANYです。リソースとHTTPメソッドの組み合わせそれぞれに、「メソッドリクエスト」「統合リクエスト」「統合レスポンス」「メソッドレスポンス」を設定します。つまり「https://www.XXX.com/aaa」に対してGETとPUTメソッドがあれば、それぞれで「メソッドリクエスト」「統合リクエスト」「統合レスポンス」「メソッドレスポンス」を設定します。設定内容の一部を以下に示します。

- ▶ **メソッドリクエスト**
  - ▶ 認証の設定、受け付けるクエリ文字列など受け付けるリクエストに関する設定
- ▶ **統合リクエスト**
  - ▶ バックエンドの種類(Lambda関数、HTTP、Mock、AWSサービス、VPCリンク)を指定
  - ▶ バックエンドに渡すリクエストを変換
- ▶ **統合レスポンス**
  - ▶ バックエンドからのレスポンスを処理する
  - ▶ レスポンス内容の変換、マッピング
  - ▶ 統合リクエストに「統合プロキシ」を設定した場合は設定できない
- ▶ **メソッドレスポンス**
  - ▶ クライアントへ返すHTTPステータスコードなどレスポンスに関する設定

▶ **図8.2.1** API Gatewayのリソース

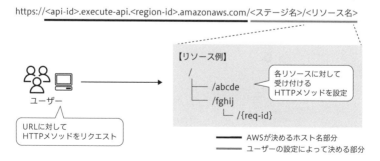

145

例として、お店の情報を取得する簡易的なWebサイトでの実装例を**図8.2.2**に示します。このWebサイトでは、ユーザーはURLにお店の「shopid」を指定することで、DynamoDBに登録されたお店ごとの情報をLambdaが取得してAPI Gatewayに返します。ユーザーからは<https://<ホスト名>/<ステージ名>/shop>に対するGETリクエストを受け付けます。

❶メソッドリクエスト例
- ▶ 誰でもアクセスできるAPIなので、認可やリクエストの検証は行わない
- ▶ クエリ文字列として取得する店舗のshopidをリクエストに必ず含めるようにする

❷統合リクエスト例
- ▶ 統合タイプ「Lambda関数」として実行するLambdaのリージョンと関数名を指定する
- ▶ リクエストのshopidをLambdaへ渡すためにマッピングテンプレートへ以下の設定を記載する
- ▶ `{ "shopid": "$input.params('shopid')" }`

❸バックエンド例
- ▶ Lambdaでは受け取ったshopidをもとにDynamoDBへ問い合わせ、処理を行う
- ▶ レスポンスはJSONに格納する

❹統合レスポンス例
- ▶ マッピングテンプレートにHTMLを記載し、Lambdaからのレスポンスを含める
- ▶ `set($root=$input.path('$'))`としてそのあとに`$root.XXX`（XXXはLambdaから返したレスポンスの項目）で値を取り出す

❺メソッドレスポンス例
- ▶ 特に変更がなければステータスコード200を返す

▶ **図8.2.2** API Gatewayの設定例

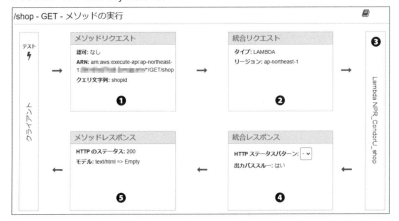

▶ **図8.2.3** API Gatewayの設定例

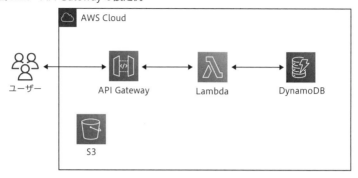

API Gatewayでは、マッピングテンプレートを使用して後段のLambda関数とデータのやりとりをします。またS3に置いたCSSや画像ファイルを参照するように統合レスポンスのHTMLを記載し、クライアントへ静的サイトを表示しています。

システム構成図は**図8.2.3**のとおりです。

API Gatewayの注意点

認証・認可

特定のユーザーや接続元IP、接続元VPCにアクセスを許可したい場合、IAMやAmazon Cognito（以下、Cognito）などを利用してアクセス制御します。なおAPIキーは単に使用量プランのために利用し、認証に用いないようにしてください。

- ▶ **IAMでの認証手段**
  - ▶ アクセスするAPI GatewayのARNやそれに対するアクションをポリシーに設定する
  - ▶ API Gatewayのリソースにタグを付与して、そのタグやキーに基づいてアクセスを制御する
  - ▶ プライベートAPIエンドポイントの場合、インタフェースVPCエンドポイントへポリシーを適用してアクセスを制御する
- ▶ **Cognitoでの認証手段**
  - ▶ ユーザーは事前に取得したトークンをリクエストに含め、API GatewayではAPIごとに設定したオーソライザーに基づいてアクセスを制御する
- ▶ **そのほかの認証手段**
  - ▶ Lambdaオーソライザーを利用する

スロットリング

API GatewayではAWSアカウント内のすべてのAPIに送信されるリクエストをリージョンごとに検証し、リクエストの送信数がリクエストの定常レートやバーストを超えるとスロットリング（流量制限）が行われます。スロットリングはトークンバケットアルゴリズムをもとに行われ、スロットリングが発生した場合、ユーザーは429 Too Many Requestsレスポンスを受け取ります（**図8.2.4**）。

API Gatewayで採用されているトークンバケットアルゴリズムの主な動作は、以下のとおりです。

❶トークンは1秒につき10,000リクエスト（初期値）追加される ＝ レート

❷バケットは最大5,000個（アカウントごとの初期値）のトークンを保持できる ＝ バースト

❸1リクエストで1トークンが消費される

❹リクエストに対して消費するトークンがない場合はスロットリングが発生する

API個々のステージやメソッドに目標制限を設定したり、使用量プランを設定したりしてスロットリングを調整できます。上限に達したことで安易にクォータを変更せず、アクセス状況を監視し、適切なレートやバーストになるようにしましょう。

▶ **図8.2.4** トークンバケットアルゴリズム

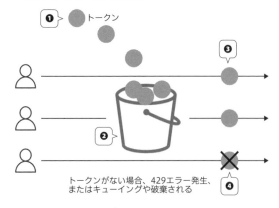

トークンがない場合、429エラー発生、
またはキューイングや破棄される

参考：「**APIリクエストを調整してスループットを向上させる**」 https://docs.aws.amazon.co
m/ja_jp/apigateway/latest/developerguide/api-gateway-request-throttlin
g.html

ベストプラクティス

ほかのサービスと同様、API Gatewayでもベストプラクティスとして推奨
されている項目があります。詳細は「参考」の「Amazon API Gatewayのセキュ
リティのベストプラクティス」をご覧ください。またクォータなどの注意点
も、「参考」の「Amazon API Gatewayのクォータと重要な注意点」にまとまっ
ています。API Gatewayを作成する前に必ず確認するようにしましょう。

▶ **最小特権のアクセス実装**
   ▶ API Gatewayの作成・更新・削除など、必要な権限が必要なユーザー・グルー
      プに割り当てられるようにする

▶ **ログの記録**
   ▶ Amazon CloudWatch Logs（以下、CloudWatch Logs）やAmazon Kinesis
      Data Firehoseを利用してアクセスログを記録するようにする

▶ **監視の実装**
   ▶ CloudWatchアラームやサードパーティ製の監視ツールで、API Gatewayのエ
      ラーを検知できるようにする

▶ **変更の検知**
   ▶ AWS Configを使用し、リソース設定にルールを規定、非準拠の際にAmazon
      SNSなどを介して通知する
   ▶ AWS CloudTrailで証跡を作成し、API Gatewayへのリクエストやリクエスト元
      のIPアドレス、リクエスト実行者、リクエスト日時を確認できるようにする

参考：「**Amazon API Gatewayのセキュリティのベストプラクティス**」 https://docs.aws.
      amazon.com/ja_jp/apigateway/latest/developerguide/security-best-
      practices.html

   「**Amazon API Gatewayのクォータと重要な注意点**」 https://docs.aws.amazon.
   com/ja_jp/apigateway/latest/developerguide/limits.html

8.3

Amazon EventBridge

EventBridgeは、さまざまなAWS内やSaaSアプリケーションのイベント
を受信・処理し、ターゲットであるAWSサービスへ渡すイベント駆動型の
マネージドサービスです。

EventBridgeの特徴

EventBridgeはさまざまなAWSサービスの環境の変化をイベントとして
受信し、ユーザーが作成するルールに基づいてターゲットのAWSサービス
などへルーティングします。またイベントではなくスケジュールをトリガ
としたルール実行も可能です。たとえばAmazon EC2を土曜9時に停止し、
月曜8時に起動するなどのしくみは簡単に実装できます。

イベントバスの種類

イベントはイベントバスと呼ばれるパイプラインで受信します。イベントバ
スごとに設定できるルールは最大300です。イベントバスは用意されているデ
フォルトイベントバスのみを利用してもかまいませんが、一般的にはAWSサ
ービスのシステムイベントはデフォルトイベントバス、ユーザーが発行するイ
ベントはカスタムイベントバス、SaaSサービスが発行するイベントはパートナ
ーイベントバスを作成して分けることで、アクセス制御を実装します。

アクセス制御

デフォルトのイベントバスでは、操作しているAWSアカウントからのイベン
トを許可します。ほかのAWSアカウントからのイベントを許可するには、イベ
ントバスへリソースベースでPutEventsやPutRuleなどの許可を行います。

また各サービスへのアクセス制御は、ターゲットがAmazon SNSやLambda、
Amazon SQS(以下、SQS)、CloudWatch Logsの場合はターゲット側のポリシ
ーで許可し、それ以外のサービスではEventBridgeのルールのIAMロール側
でポリシーを設定します。

　ターゲットがEventBridge側でアクセス制御を行うAWSサービスの場合
は、EventBridgeのルールのターゲットで確認できます。**図8.3.1**ではイベ
ントがパターンにマッチした場合に2つのターゲット（AWS Systems
Managerのドキュメントを実行するものとLambda関数を実行するもの）を
設定していますが、ロール列ではAWS Systems Manager実行コマンドへの
ロールしか確認できません。

　Lambda側のアクセス制御は、設定したLambda関数の［設定］－［アクセ
ス制御］で確認できます（**図8.3.2**）。実行ロールの内容は、下に記載してあ
るリソースの概要部分でどのリソースに対してどのアクションが許可・拒
否されているかを確認できます。

▶ **図8.3.1**　EventBridge側でアクセス制御を行うAWSサービスの場合

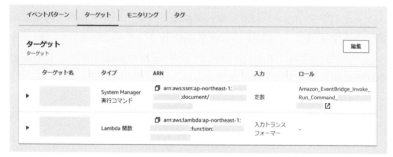

▶ **図8.3.2**　LambdaでEventBridgeのアクセス制御を行った場合

EventBridgeのルールと入力トランスフォーマー

イベントバスで受信したイベントはルールに設定したパターンにマッチすると、後続の処理(ターゲットへのアクション)が実行されます。ターゲットは5つまで設定できます。たとえば実行したい処理と並行して、処理の実施をAmazon SNS経由でメール通知するなどに利用できます。

ターゲットには監視SaaSサービスのDatadogやNew Relic、チャットツールのSlack、ログを集中管理するSplunkも設定できます。ターゲットとして選択できるパートナーは、「参考」の「Amazon EventBridgeの統合」をご確認ください。

> **参考**:「**Amazon EventBridgeの統合**」 https://aws.amazon.com/jp/eventbridge/integ rations/

ルールの中で「Input Transformer」を使用してターゲットに渡す情報を編集できます。 たとえば以下のようなGitHubからEventBridgeへのpushイベント(一部抜粋)を、Lambda関数で「誰が」「いつ」pushを実行したのかを受け取る例として入力トランスフォーマーの記載方法を示します。

```
{
  "version": "0",
  "id": "a11c87d6-6ed9-fcf2-4514-29a890XXXXX",
  "detail-type": "push",
  "source": "github.com",
  "account": "12345678921",
  "time": "2023-04-27T03:42:27Z",
  "region": "us-east-1",
  "detail": {
    "repository": {
      "git_url": "git://github.com/xxxxx/xxxxx.git",
    },
    "pusher": {
      "name": "xxxxx",
      "email": "xxxx@amazon.com"
    }
  }
}
```

入力トランスフォーマーでは「入力パス」と「テンプレート」を記載します。入力パスには、定義する変数をKey、イベントから取得する値をValueとして記載します。たとえばイベントの6行目にあるtimeをexectimeキーへ

入力するには、以下のように記載します。メッセージ全体を$としてJSONの構造に従い、ネストを.(ドット)で区切って{"exectime": "$.time"}のように表現します。

```
{"exectime": "$.time"}
```

「time」「git_url」「pusherのname」と複数の定義もできます。

```
{
  "exectime":"$.time",
  "giturl":"$.detail.repository.git_url",
  "username":"$.detail.pusher.name"
}
```

テンプレートはターゲットに渡す文字列またはJSONです。入力パスの左側で定義したKeyを、やま括弧(<>)でValue(右側)に表現します。テンプレートでのKeyはターゲットで使用する変数です。ここでは以下のようにしました。

```
{
  "time": "<exectime>",
  "git_url": "<giturl>",
  "note": "【開発】 <username> がコードの変更を開発環境へ適用開始しました
(<time>)。"
}
```

イベントを受け取るLambda関数ではeventに含まれる中身を以下のように記載し、取得します(Pythonの場合)。

```
def lambda_handler(event, context):
  exectime = event['time']
  git_url = event['git_url']
  note = event['note']
```

入力トランスフォーマーを利用すると後段のAWSサービスに渡すイベントは必要なものだけになり、たとえばLambda関数で文字列を作成しなくても済みます。そのほか入力トランスフォーマーの記載方法は「参考」の「Amazon EventBridgeターゲット入力の変換」を参照ください。

参考：「**Amazon EventBridge入力変換**」 https://docs.aws.amazon.com/ja_jp/eventbridge/latest/userguide/eb-transform-target-input.html

Amazon SNSやSQSとの使い分け

同じイベント駆動型アプリケーションとして、Amazon SNS や SQS があります（**図8.3.3**）。EventBridge ではなく Amazon SNS や SQS を使用するのは、主に以下のケースです。

- ▶ 低レイテンシが求められる（Amazon SNS は 30 ミリ秒以下、SQS は数 10 ミリ秒〜数 100 ミリ秒に対し、EventBridge では 0.5 秒以下）
- ▶ 多数のエンドポイントが必要（Amazon SNS では数十万、数百万単位でも可）
- ▶ 対人メッセージング（*Application to Person*：A2P）に利用（Amazon SNS の場合）（SMS、モバイルプッシュ、E メール）
- ▶ 順序保証が必要

ターゲット（送信先）が Lambda や SQS、HTTP/HTTPS エンドポイント、SMS、モバイルプッシュ、E メールであれば、Amazon SNS の利用を検討します。特に多数のエンドポイントにメッセージを送信する場合は Amazon SNS を使用し、さらに後段に SQS を配置して並列で処理できるように構成します。

push 方式の Amazon SNS と比べ、SQS では pull 型、かつ Point To Point（P2P）方式のメッセージングサービスを提供しています。pull 型とは、キューに送信されたメッセージを受信側であるコンシューマが能動的に取得する方式です。P2P 方式とは、リクエスト送信側のプロデューサとリクエス

▶**図8.3.3** Amazon SNS と SQS のメッセージングモデル

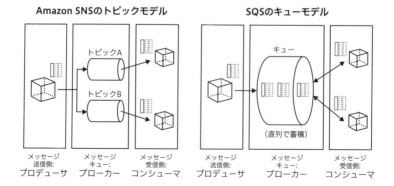

ト受信側のコンシューマが1対1で連携する方式です。

スケジュール実行、SaaSサービスとの連携、メッセージの加工は、EventBridgeにしかない機能です。要件によってEventBridgeやAmazon SNS、SQSを適切に使い分けたり、組み合わせたりしましょう。

第 **9** 章

可用性

AWSで障害が発生し、各AWSサービスの提示するSLAを満たしていない場合には、どんな条件でどんな保証がされるのでしょうか。もしものときに迅速に対応するためには、あらかじめリスク管理が必要です。障害発生時に必要な手順を遂行できるように、想定する障害とその対応を整理しておきしましょう。

9.1

AWSでの可用性の考え方

可用性とは

可用性（*availability*）とは「システムが継続して動き続けることができる能力」のことを指し、一般的に「稼働率」で度合いを示します（**図9.1.1**）。

▶ **稼働率＝平均故障間隔（MTBF）／（平均故障間隔（MTBF）＋平均修復時間（MTTR））**

平均故障間隔（MTBF：*Mean Time To Failure*）とは、システムが故障などでサービス停止する間隔、つまり正常に稼働している期間（の平均）を指します。平均修復時間（MTTR：*Mean Time To Repair*）とは、サービス停止してから復旧して再度サービス提供できるようになるまでの時間を表し、同時にサービス提供できていない時間を指します。

たとえば1ヵ月の間に3時間停止するシステムAの稼働率は、下記の計算式で算出し、約99.60％です。

▶ **稼働率＝（31［日］×24［時間］－3［時間］）／（31［日］×24［時間］）**

AWSでは各サービスの稼働率を目標として提示しており、システム全体の稼働率はそのシステムを構成するAWSサービスの稼働率を掛け合わせて算出します。

▶ **図9.1.1** 稼働率のしくみ

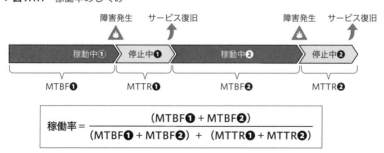

　図9.1.2であればシステム全体の稼働率は下記の計算式で算出し、約99.97％です。

> ▶ **システム全体の稼働率＝ELBの稼働率（99.99％）×マルチAZ構成のEC2の稼働率（99.99％）×マルチAZ構成のRDSの稼働率（99.99％）**

　多くのシステムでは計画停止（定期メンテナンスなどによる、あらかじめ決められた停止）以外の稼働率目標を、要件定義～基本設計のフェーズで定義します。稼働率に対して年間停止時間は**表9.1.1**のとおりです。

　複数のAWSサービスを組み合わせて計算されるシステム全体の稼働率は、Amazon EC2（以下、EC2）単体の稼働率99.99％よりも必ず低くなります。EC2の稼働率99.99％である年間53分以上の停止を可能な限り長くさせないために、マルチAZ構成やオートスケール・オートリカバリなどの機能を活用しましょう。

　またシステム全体の稼働率はすべての機能や時間帯で達成させるよりも、

▶**図9.1.2**　個別の稼働率を掛け合わせてシステム全体の稼働率を算出する

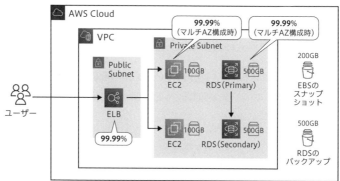

▶**表9.1.1**　稼働率に対する年間停止時間

稼働率	年間停止時間（時間）	年間停止時間（分）	年間停止時間（秒）
95％	438時間（18.25日）	26,280分	1,576,800秒
99％	87.6時間	5,256分	315,360秒
99.99％	約0.88時間	約53分	約3,154秒
99.999％（ファイブナイン）	約0.09時間	約5.3分	約315秒
99.999999999％（イレブンナイン）	―	―	約0.0003秒

システムを構成する重要な機能や時間帯によって求められる稼働率を達成目標とするほうが現実的です。そうすることで、一律に高い稼働率を目標とするよりも、無駄な費用をかけずに柔軟で高い可用性を実現できます。それぞれのAWSサービスの稼働率は公式でSLA(*Service Level Agreement*)やSLO(*Service Level Objective*)として公開されていますので、「参考」の「AWSサービスレベルアグリーメント」や「付録A：一部のAWSサービスの可用性設計」をご確認ください。

> 参考：「**AWSサービスレベルアグリーメント**」 https://aws.amazon.com/jp/legal/
> service-level-agreements/
>
> 「**付録A：一部のAWSのサービスの可用性設計**」 https://docs.aws.amazon.com/ja_
> jp/wellarchitected/latest/reliability-pillar/appendix-a-designed-for-
> availability-for-select-aws-services.html

上記はサービスやシステムの稼働時間に対して可用性を測定していますが、場合によってはリクエストの成功・失敗回数でカウントするほうが容易なケースもあります。たとえばWebシステムの可用性として、「https://XXX.com/aaaa/」へのHTTPレスポンスコードが200であることを1分間に1回確認・記録し、その月間の総リクエスト数分の成功数で稼働率を算出する方法です。

失敗数を3とした場合の稼働率は、以下の計算式で算出します。

▶ 月間の総リクエスト数＝1 (回) ×60 (分) ×24 (時間) ×31 (日) ＝44,640
▶ 稼働率＝(44,640−3 (失敗回数) ／44,640) ×100≒99.993

リクエストはLambdaなどAZに縛られないサービスから送信すると、ユーザー──システム間のネットワーク影響やAZ障害の影響を受けずに済みます。

システムをリリースしたあとにどのようにシステムが正常であることを確認するか、顧客へどのように報告するかを鑑み、可用性の測定方法を実装するとよいでしょう。

システムの可用性を高める背景

システムの重要性が以前より格段に上がっている昨今では、多くの利用者を持つWebシステムや重要な基幹システム、社内システムなどをパブリッククラウド上に構築するケースが増えてきました。

実際、Webシステムのパブリッククラウド化プロジェクトは多く、今後も重要性の高いシステムをオンプレミスからパブリッククラウドへ移行する流れが加速すると思われます。同時にサービスを安定して提供できる設計や体制も重要となるでしょう。

多くの利用者を抱えている社内の基幹システムや販売システムが停止すると、社会的な信用を損なう可能性があります。場合によってはユーザーのサービス離れや機会損失による補償などで、企業にとって大きな問題となり得るでしょう。

クラウド事業者側の設定ミスや大規模なハードウェア障害を起因としたシステム障害のニュースをみなさんも見聞きしたことがあるかと思います。パブリッククラウドはオンプレミスに比べて障害に強いシステム構成を安価にとれますが、完璧ではありません。パブリッククラウドでも障害の発生を前提とした設計としなければ、安定したサービスの提供はできないのです。

障害に対する共通の対策

どんな障害でも共通する対策は「冗長化」と「疎結合化」です。なおAWSでは可用性を高めるためのベストプラクティスをWell-Architectedにて提供しています。

参考：「AWS Well-Architectedフレームワーク信頼性の柱」 https://docs.aws.amazon.com/ja_jp/wellarchitected/latest/reliability-pillar/welcome.html

冗長化とは

ITシステムにおける冗長化とは、障害が発生したときに備えてサービスを継続して提供できるように機器や構成を多重化することです。冗長化すると可用性が高まり、同時に稼働率も上がります。

AWSでは1つのリージョン（地域）内に、独立したデータセンター群である複数のアベイラビリティゾーン（AZ）があります。システムに冗長性を持たせるために複数のAZにまたがる「マルチAZ構成」を取ることで、シングルAZ構成よりも可用性が高くなります（**図9.1.3**）。

AZどうしは数km〜100kmの距離にあるため、想定する災害によってはマルチAZ構成だとサービス継続できないケースもあります。そういった場

合はマルチリージョン構成とするのがよいでしょう(**図9.1.4**)。ただしリ
ージョン間の通信はAZ間ほど高速ではありません。マルチリージョン構成
を検討する際は、ネットワークの遅延やセキュリティ、運用面も合わせて
考慮しましょう。

そのほか、AWSの冗長化する箇所として、オンプレミスとの接続(Direct
Connectなど)で回線の二重化を行うことや、Amazon S3やELBなど冗長性
を担保されたマネージドサービスを利用することなどが挙げられます。

ただしこの設計方針は「ベストプラクティス」であることに注意してくだ

▶**図9.1.3** シングルAZ構成とマルチAZ構成

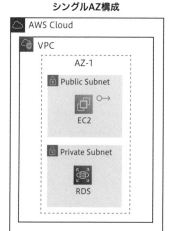
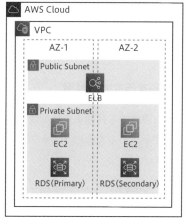

▶**図9.1.4** マルチリージョン構成

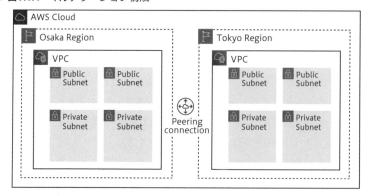

さい。システムを冗長化させると構築・試験の工数が増加し、運用コストも上がります。

そのため停止させてはならない機能や箇所を洗い出し、**限定的に冗長化対策を行う**と無駄がなくなります。また対応する障害の範囲を明文化し、場合によっては冗長化を不要としてリスクを受容する判断も必要です。

またマルチリージョンを実施する場合は、フェイルオーバー後にサーバのリソースが不足する可能性があります。東京リージョンでサービスを提供する多くのシステムが大阪リージョンにDR（ディザスタリカバリ）サイトを持つ場合、東京リージョンの大規模な障害後に大阪リージョンで一斉にサーバが起動します。その際には大阪リージョンのリソースが一時的に不足する可能性があり、サービス提供に影響があるかもしれません。

そういった懸念に備えて、常にサーバを起動していつでもDRサイトに切り替えできるようにしておく「ホットスタンバイ」と呼ばれる対策があります。ほかにも運用にかかる費用を考慮して縮退版のオンプレミスシステムを別途構築しておく対策もあるでしょう。リスクと費用を鑑み、どういった冗長化構成とするのか決めていきましょう。

疎結合化とは

疎結合化とは、システムを構成する個々のコンポーネント同士の結び付きや関連性が低く、独立性の高い状態にすることです。「疎結合」の対義語は「密結合」で、コンポーネント間の結び付きが強い状態を表します（**図9.1.5**）。

疎結合では、つなぎ目にロードバランサやDNS、メッセージキューなど拡張性・耐障害性に優れた機能を配置し、多対多でコンポーネントをつなげます。疎結合によってさらに弾力性を向上させるために、つなぎ目には可能な限り、非同期処理を行うコンポーネントを配置します。AWSサービスで非同期処理を行うものには、Amazon EventBridge や Amazon SQS（以下、SQS）、Amazon Kinesis サービス群、AWS Step Functions などがあります（詳しくは第8章「アプリケーション統合」を参照ください）。

図9.1.6では、クライアントがSQSのキューにメッセージを送信しています。SQSでは1秒あたりほぼ無制限のAPIコールを受けられる（スタンダードキューの場合）ため、SQSでの可用性に関する問題はありません。AWS

▶図9.1.5　疎結合と密結合

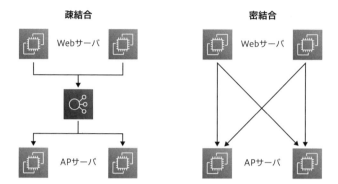

▶図9.1.6　SQSで実現する非同期な疎結合

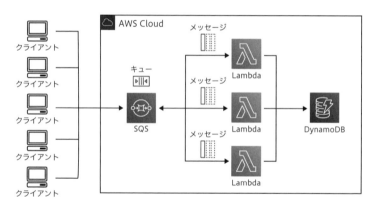

Lambda（以下、Lambda）はキューをポーリングし、メッセージを受信する
とLambda関数を実行します。クライアントから大量にメッセージが送信
されLambdaの処理能力を超えた場合でもキューにはメッセージが残り、
Lambdaは順次メッセージを処理します。

　システムのコンポーネントを疎結合にすると、アクセス数が増加した際
のスケールアウトがほかのコンポーネントに影響しません。障害発生時の
切り分けがしやすいことも疎結合のメリットのひとつです。

9.2

AWSのSLA（サービスレベルアグリーメント）

　SLA（サービスレベルアグリーメント）は、「サービス品質保証」あるいは「サービスレベル合意書」と呼ばれるものです。一般的にサービスを提供する事業者が契約者に対して保証する品質を資料に明示しています。AWSでは公表している各サービスのSLA（＝稼働率）を目指して運用をしています。本節はSLAを見る際の注意点について解説します。

　なお、参考サイトとして紹介するSLA開示サイトは、英語版と日本語版で表示される項目が異なるためご注意ください。

> 参考：「AWS Service Level Agreements」 https://aws.amazon.com/legal/service-leve
> l-agreements/?nc1=h_ls&aws-sla-cards.sort-by=item.additionalFields.servi
> ceNameLower&aws-sla-cards.sort-order=asc&awsf.tech-category-filter=*all

AWS上で起き得る障害の種類

　AWSで発生する障害を整理すると、以下の3種類に大別できます。

AWS側の要因によって起こるもの

　AWSの責任の範囲（2.2節の「クラウドセキュリティの責任分界点」の項を参照ください）で障害が発生する場合です。例としては、AWSデータセンター内のサーバが故障するなどの物理障害や、ネットワーク機器の設定変更の失敗に伴ってサービスが停止する場合が挙げられます。多くの場合、EC2/ECSの障害で強制再起動を促されたり、マネージドサービスが停止したりするなど、影響が多岐にわたります。

利用者側の要因によって起こるもの

　ユーザーの責任範囲で障害が発生する場合です。例として、作業や設定ミスによるOSの論理障害やミドルウェアの障害が挙げられます。

いずれの要因でもないもの

災害やテロによってデータセンターが被災し、サービスを提供できなくなるような場合です。こういった災害についてはシステムの要件定義や基本設計書の前提で「本設計書では対象外」と記載する場合が多く、必要に応じてDRサイトを準備し対策します。

AWSがSLA（SLO）を満たせなかった場合

AWSでは定義された稼働率を満たさない場合に、「サービスクレジット」という形で契約者へ還元します。EC2やAmazon EBS、Amazon ECSに関わる「Amazon Compute サービスレベルアグリーメント」を**表9.2.1**に示します（2022年5月25日最終更新版）。

サービスクレジットはキャッシュバック（料金の返還）ではなく、今後請求される支払いに対して適用されます。影響を受けたリージョンで利用できなかった期間に対して、契約者が支払った該当サービスの総額×定率が次回以降の支払いで差し引かれます。

サービスクレジットを受け取るには契約者がAWSサポートセンターへ請求リクエストを行います（自動適用されません）。また請求リクエストはインシデント発生後2回目の請求期間の末日までに、以下の情報をそろえて提出しなければいけません。

- ▶ **インシデントの日時と影響を受けたリージョン**
- ▶ **影響を受けた対象サービスのリソースID**
- ▶ **インシデントが発生したことを裏付けるログなど**

このうち、3つ目の「インシデントが発生したことを裏付けるログ」は、システム構築時から障害の発生を想定して取得していなければ難しいかもしれません。特に費用の多くを占めるEC2やAmazon RDSなどのサービスは、障害時に提出するためのログをあらかじめ設定しておきましょう。

▶ **表9.2.1** Amazon Compute リージョンレベルのサービスクレジット率

月間稼働率	サービスクレジット率
99.0%以上、99.99%未満	10%
95.0%以上、99.0%未満	30%
95.0%未満	100%

　またAWSからはサービス停止に伴う機会損失の補填がされません。たとえば、インターネット販売サイトが使用できなかった場合の損失に対する補償はされません。この点はあらかじめ顧客と合意しておきましょう。たとえAWS起因でシステムが停止し、大きな損害が発生したとしても、AWSへ責任を転嫁できません。そのため私たちは必要に応じて、クラウドベンダーひとつがすべてサービス停止してもそれらを回避できるようにマルチクラウド化するか、オンプレミスとクラウドでハイブリッドとするか、または利用規約に停止時の免責事項について記載するなどの対策をとる必要があります。

リスクマネジメント

　ITシステムにおけるリスクとは、インフラストラクチャやアプリケーション、データなどあらゆるレイヤでシステム内の情報資産が脅威にさらされる、または可用性が脅かされ、損失や損害が発生する可能性があることを指します。こういったITリスクに対して、そのリスクが及ぼす影響や確率、対策にかかる工数などを明らかにし、どう対応するかをあらかじめ決めることを**ITリスクマネジメント**といいます。

　可用性を高める対策をすると、ほとんどの場合で費用が増加します。問題が発生してから対応するのではなく、各システムのライフサイクルで前もってリスクの定義や対応検討結果を文書化し、顧客や経営陣と合意することが大切です。

リスクマネジメントのプロセス

　ITリスクマネジメントは、システムのあらゆるライフサイクルのフェーズで実施します(**表9.2.2**)。

▶**表9.2.2**　ライフサイクルのフェーズとリスクマネジメント

ライフサイクル	フェーズの特徴	リスクマネジメント実施例
開始フェーズ	システムの目的と適用範囲が文書化される	セキュリティや可用性のリスクを特定し、非機能要件に追加する
調達・導入フェーズ	システムを設計・購入・構築・開発・試験する	次フェーズに入る前に特定されたリスクへの対応策を決める
運用・保守フェーズ	システムがその機能を実行する	システムの変更を行う場合にリスクマネジメントを行う
廃棄フェーズ	資産や情報が破壊・廃棄される	適切に資産や情報が破壊・廃棄されるようにリスクマネジメントを行う

各フェーズでは2つのプロセス（リスクアセスメント、リスク軽減）でリスクマネジメントを進めます。

▶ **リスクアセスメント（ISO規格での定義）**
  ▸ リスク特定、リスク分析、リスク評価のサブプロセスがある
  ▸ リスク特定では検知したリスクを認識し、文書化する
  ▸ リスク分析ではリスクの特質を理解し、リスクのレベルを決定する
  ▸ リスク評価ではリスクとその大きさを許容できるかを決定する

リスク評価は主観的でもかまいませんが、各脅威の可能性レベル（高中低）の確率を割り当てて、機械的に各影響レベル（高中低）の数値を掛けるとわかりやすくなります。

たとえば各脅威の可能性レベルに割り当てる確率を、高は0.8、中は0.5、低は0.1とし、各影響レベルに割り当てる数値を、高は100、中は50、低は10とします。その際のリスクレベルのマトリックスを**表9.2.3**に示します。またリスク評価として10以下を低（リスクに対する対応が必要か判断）、50以下を中（リスク軽減を妥当な期間で実施）、80以下を高（リスク軽減を早期に実施）として表しています。

▶ **リスク軽減**
  ▸ リスクアセスメントで推奨される適切なリスク軽減に対して優先順位付けや評価、導入を行う
  ▸ リスク軽減の選択肢は、「リスク受容」や「リスク回避」「リスク低減」「リスク移転」などがある
  ▸ リスク受容ではそのリスクを受け入れる
  ▸ リスク回避ではそのリスクが発生する要因をなくす
  ▸ リスク低減ではそのリスクが発生する確率や影響度を小さくする
  ▸ リスク移転ではリスクが発生した際の影響を他者へ移す

▶ **表9.2.3** 脅威の可能性レベルと影響レベル

脅威の可能性	影響		
	低（10）	中（50）	高（100）
高（0.8）	低 0.8×10 = 8	中 0.8×50 = 40	高 0.8×100 = 80
中（0.5）	低 0.5×10 = 5	中 0.5×50 = 25	中 0.5×100 = 50
低（0.1）	低 0.1×10 = 1	低 0.1×50 = 5	低 0.1×100 = 10

　運用・保守フェーズでのリスクマネジメントのトリガは、OSやミドルウェア、パッケージの脆弱性情報が公開されたタイミング、セキュリティパッチの更新、システムの機能追加、構成変更など多岐にわたります。クラウドサービスを利用するにあたり、サービス規約や仕様の変更もリスク評価の対象となります。クラウドサービスの規約や仕様変更も検知できるようにしておきましょう。

第 10 章

セキュリティ

セキュリティは導入して終わりではありません。しかし通常セキュリティを強化することに伴い、手間が増え、費用も上がっていきます。最新の攻撃やリスクに対応できるしくみを理解し、システムへ実装していきましょう。また、過剰な対応とならないよう、定量的な判断基準でリスクを処理することが肝要です。

10.1

Well-Architectedフレームワークの利用

　AWSではWell-Architectedフレームワークに沿った設計原則やベストプラクティスを容易に実装するために、「ランディングゾーン」(3.1節の「ランディングゾーン」の項を参照ください)の使用を推奨しています。

　本節ではランディングゾーンで実装される設定の概要をセキュリティ観点で解説します。

Well-Architectedの6つの柱

　Well-Architectedでは6つのカテゴリそれぞれで、設計原則や考慮すべきこと、ベストプラクティスをまとめています。

- ▶ オペレーショナルエクセレンス
- ▶ セキュリティ
- ▶ 信頼性
- ▶ パフォーマンス効率
- ▶ コスト最適化
- ▶ 持続可能性

　すべてに対応するのは難しいですが、インフラストラクチャの設計原則をおさえることで高い安全性、性能、耐障害性、効率性を備えられます。詳細はそれぞれの資料をご確認ください。

> 参考:「運用上の優秀性の柱 - AWS Well-Architectedフレームワーク」 https://docs.aws.amazon.com/ja_jp/wellarchitected/latest/operational-excellence-pillar/welcome.html
>
> 「セキュリティの柱 - AWS Well-Architected Framework」 https://docs.aws.amazon.com/ja_jp/wellarchitected/latest/security-pillar/welcome.html
>
> 「信頼性の柱 - AWS Well-Architectedフレームワーク」 https://docs.aws.amazon.com/ja_jp/wellarchitected/latest/reliability-pillar/welcome.html
>
> 「パフォーマンス効率の柱 - AWS Well-Architectedフレームワーク」 https://docs.aws.amazon.com/ja_jp/wellarchitected/latest/performance-efficiency-pillar/welcome.html

「コスト最適化の柱 - AWS Well-Architectedフレームワーク」 https://docs.aws.amazon.com/ja_jp/wellarchitected/latest/cost-optimization-pillar/welcome.html

「持続可能性の柱 - AWS Well Architectedフレームワーク」 https://docs.aws.amazon.com/ja_jp/wellarchitected/latest/sustainability-pillar/sustainability-pillar.html

セキュリティの7つの設計原則

システムを設計するにあたり、以下の7つの設計原則を守り、セキュリティを強化することが推奨されています。

- **▶ 強力なアイデンティティ基盤を実装する**
  - ▶ ID管理を一元化し、適切な最小の権限を役割(role)に与え、長期間同じ認証情報を使用しない
- **▶ トレーサビリティを実現する**
  - ▶ リアルタイムでモニタリングできるようにログやメトリクスの出力・一元管理を行う
- **▶ すべてのレイヤでセキュリティを適用する**
  - ▶ ネットワーク、OS、アプリケーションごとの攻撃手法に対応する
- **▶ セキュリティのベストプラクティスを自動化する**
  - ▶ AWS Config (以下、Config) などを用いてポリシーに合わないリソースを検出し、自動的に修正する
- **▶ 伝送中および保管中のデータを保護する**
  - ▶ Amazon EBS(以下、EBS)やAmazon S3などデータ保存領域の暗号化や転送時の暗号化を行う
- **▶ データに人の手を入れない**
  - ▶ 可能な限り手動でのオペレーションはせず自動化に組み込む
- **▶ セキュリティイベントに備える**
  - ▶ AWS Systems Managerなどを用いてインシデント管理を行う
  - ▶ 検出・調査・復旧のスピードを上げるためにツールや自動化の導入を検討する

クラウドセキュリティ6つの領域のベストプラクティス

クラウドセキュリティに関する6つの領域それぞれの、具体的な対応例を紹介します。すべての領域ですべての対応を行うことは現実的ではありません。まずは責任共有モデルから、私たちクラウドを利用する側にどんな対応が求められているのかを理解・整理し、対応すべきことや逆に対応

しないこと・そのリスクを明確にしましょう。対応例は一部抜粋しています。詳細は「参考」の「セキュリティ、アイデンティティ、コンプライアンスに関するベストプラクティス」をご確認ください。

- ▶ **セキュリティ**
  - ▶ 複数のAWSアカウントがある場合はAWS Organizationsを使用して、それぞれのアカウントのポリシーを適用する
  - ▶ ルートユーザーは使用しない。ルートユーザーではMFA（多要素認証：*Multi-Factor Authentication*）を有効にする
  - ▶ CVE（*Common Vulnerabilities and Exposures*）など脆弱性に関する最新の情報やセキュリティの推奨設定に関する最新情報を入手する
  - ▶ AWS Systems ManagerやCI/CDパイプラインを用いて設定やデプロイのテスト・検証を自動化する
  - ▶ 業界の最新ニュースやコンプライアンス要件を定期的に確認し、システムの監査を行う
- ▶ **IAM**
  - ▶ 一般的なパスワードの利用やパスワードの再利用をしないようにし、MFAを有効にする
  - ▶ ロールに権限を付与し、一時的な認証を利用する
  - ▶ 認証情報を監査およびローテーションする（IAM Access Analyzerを使用する）
  - ▶ Secrets Managerを利用してデータベース認証情報・サードパーティAPIキーなどを取り扱う
- ▶ **検出**
  - ▶ アカウント内のアクティビティを検出できるように、AWS CloudTrail、Amazon CloudWatch Logs、Amazon GuardDuty（以下、GuardDuty）、AWS Security Hub（以下、Security Hub）を有効にする
  - ▶ ログや結果、メトリクスを一元的に収集し、自動分析させる（Security Hubでアラートを発生させる）
- ▶ **インフラストラクチャ保護**
  - ▶ VPC内のトラフィックを制御するようにネットワークを設計する
  - ▶ AWS WAF（以下、WAF）やGuardDutyを導入し脅威の検出・システムの保護を行う
  - ▶ Amazon RDSやAWS Lambda（以下、Lambda）などのマネージドサービスを利用し、セキュリティ関連のメンテナンスタスクを減らす
  - ▶ Amazon Inspector（以下、Inspector）を設定し、EC2インスタンスの脆弱性情報を評価する
  - ▶ Amazon CodeGuruやOWASP（*Open Web Application Security Project*）を利用し、ライブラリや依存関係の脆弱性に対応する
  - ▶ インスタンスへのアクセスをSSHやRDPからAWS Systems Managerへ置き換える

▶ **データ保護**
- ▶ AWS KMSを実装して安全な鍵管理を行う
- ▶ データの保存領域(EBS、Amazon S3など)は暗号化する
- ▶ データへのアクセスは最小権限で行う
- ▶ 転送中のデータを暗号化する

▶ **インシデント対応**
- ▶ インシデント発生時の対応に備え、人員のリスト・対応の手順書を準備する
- ▶ インシデント対応のゲームデーを作る

参考:「セキュリティ、アイデンティティ、コンプライアンスに関するベストプラクティス」
```
https://aws.amazon.com/jp/architecture/security-identity-
compliance/?cards-all.sort-by=item.additionalFields.sortDate&cards-
all.sort-order=desc&awsf.content-type=*all&awsf.methodology=*all
```

10.2

セキュリティガイドラインの活用

　クラウドを利用する場合でも、開発者はセキュリティ対策をする責任を負わなければなりません。しかしクラウドでのセキュリティ対策といっても、いったい何をしたらよいのか迷うこともあるでしょう。どういった考えや基準でどのような設定をすべきかを示すガイドラインが多数用意されているので、いくつか紹介します。

　セキュリティはシステムの企画段階から考慮し、十分な予算を確保します。ここで紹介するガイドラインは一例であり、1つのガイドラインに記載されている内容も多いため、必要に応じて取捨選択し、可能なものはAWSサービスへの委任も考えていきましょう。

クラウドの選定に役立つガイドライン「ISMAP」

　ISMAP(イスマップ)とは、「政府情報システムのためのセキュリティ評価制度」である、Information system Security Management and Assessment Programの略称です。ISMAPは、政府が求めるガバナンス基準、マネジメント基準、管理基準をクラウドサービスが満たしているか審査する制度で

す。基準を満たすと評価されたクラウドサービスは、ISMAPクラウドサービスリストと呼ばれる登録簿に登録され、政府が情報セキュリティ基盤として利用するクラウドサービスの候補となります。

　ISMAPクラウドサービスリストに登録されているクラウドサービスは、いわば政府からお墨付きを得たクラウドサービスです。そのため複数のクラウドサービスからどれを利用するか悩んだ際、候補となるクラウドサービスがISMAPクラウドサービスリストに登録されているかを選定の判断基準にできます。

> **参考：**「ISMAPクラウドサービスリスト」 https://www.ismap.go.jp/csm?id=cloud_
> service_list

要件定義や設計に役立つガイドライン

情報システムに係る政府調達におけるセキュリティ要件策定マニュアル

　「情報システムに係る政府調達におけるセキュリティ要件策定マニュアル」は、適切なセキュリティ要件が調達仕様に組み込まれることを目的に内閣サイバーセキュリティセンター(NISC)が作成したものです。脅威のカテゴリや対策の方針ごとに、セキュリティ対策の実施の程度(強度)を「低位」「中位」「高位」の3段階に分けて記載しています。自システムにおいてどんなセキュリティ対策を組み込むべきかを確認するのに役立ちます。

> **参考：**「情報システムに係る政府調達におけるセキュリティ要件策定マニュアル」 https://www.
> nisc.go.jp/pdf/policy/general/SBD_manual.pdf
>
> 「情報システムに係る政府調達におけるセキュリティ要件策定マニュアル付録A.対策要件
> 集」 https://www.nisc.go.jp/pdf/policy/general/SBD_manual_annex_a.pdf

CIS Controls

　米国の非営利組織CIS (*Center for Internet Security, Inc.*) が発行しているCIS Controlsは、サイバー攻撃に焦点を当てシステムとネットワークに対するさまざまな対策を記載したベストプラクティス集です。ほかにもOSやミドルウェアを安全に設定するベストプラクティス集であるCIS Benchmarksがあります。

　Inspectorを利用すると、CIS Benchmarksに沿ってEC2やAmazon ECR

（以下、ECR）のOSやミドルウェア設定を確認・可視化できます。ベストプラクティスに準拠していない場合は、出力されるレポートに設定方法が記載されているため、容易にセキュリティ強化を行えます。

詳細設計や単体試験前に、セキュリティ対策に問題ないかを確認できるので、ぜひ利用を検討してください。

> 参考：「**The 18 CIS Critical Security Controls**」 https://www.cisecurity.org/controls/
> cis-controls-list

非機能要求グレード

システム構築には、ビジネスに直結しイメージしやすい「機能要求」と、ビジネスに直結せずイメージもしにくい「非機能要求」があります。要件定義フェーズの非機能要求を考える際に観点漏れや認識齟齬の発生を防ぐため、IPA（情報処理推進機構）によって作成されたのが「非機能要求グレード」です。

モデルシステムとして、❶社会的影響がほとんどないシステム、❷社会的影響が限定されるシステム、❸社会的影響が極めて大きいシステム、の3システムが記載され、自システムでとる対策の参考にできます。非機能要求は多くのシステムの要件定義で利用されるので、ぜひ一度目を通しましょう。

> 参考：「**非機能要求グレード**」 https://www.ipa.go.jp/sec/softwareengineering/std/
> ent03-b.html

クラウドサービス提供における情報セキュリティ対策ガイドライン

総務省が、安全・安心なクラウドサービスの利用を促進する目的で公表したガイドラインです。システム自体の設計に関わる項目以外にも、運用設計に落とし込める項目が検討・記載されています。項目ごとに記載されているベストプラクティスで目指すべき状態を確認できます。

> 参考：「**クラウドサービス提供における情報セキュリティ対策ガイドライン**」 https://www.
> soumu.go.jp/main_content/000771515.pdf

セキュリティ対応に役立つガイドライン

サイバーセキュリティフレームワーク

NIST（*National Institute of Standards and Technology*）は米国の政府機関であ

り、日本では米国国立標準技術研究所と呼ばれています。NISTが発行して
いるサイバーセキュリティフレームワーク（CSF）は、欧米諸国をはじめ世
界各国の組織や企業が採用するほど汎用性があります。日本でも採用する
ケースが増えています。

　CSFではセキュリティ対策を「識別」「防御」「検知」「対応」「復旧」の5つに
分類し、実現の方向性や対応の優先度などの考え方を整理しているのが特
徴です。現状を整理し、目指すべき「To Be」の状態を明らかにすると、対策
の優先度付けを効率良く行えます。

> 参考：「**IPAでまとめられているセキュリティ関連NIST文書**」 https://www.ipa.go.jp/
> security/publications/nist/index.html

STRIDEモデル

　実際にサイバー攻撃を受けた際の識別と対応で、Microsoft社が提唱して
いるのがSTRIDEモデルの利用です。攻撃の種類を識別し、作業の対象と
優先順位決めを容易にします。STRIDEとは以下の6種類ある攻撃の頭文字
をとったものです。

- ▶ **S：Spoofing identity（なりすまし）**
  攻撃者が他者を装う、悪意のあるサーバが有効なサーバを装う
- ▶ **T：Tampering with data（改ざん）**
  悪意を持ってデータを変更する
- ▶ **R：Repudiation（否認）**
  ユーザーが行った操作の事実を否定する
- ▶ **I：Information disclosure（情報漏えい）**
  不本意な相手に情報が開示されてしまう
- ▶ **D：Denial of service（サービス拒否）**
  正当なユーザーに対してサービスの提供ができなくなる
- ▶ **E：Elevation of privilege（特権の昇格）**
  権限を与えられていないユーザーが、高い権限を取得する

> 参考：「**STRIDEモデル**」 https://docs.microsoft.com/ja-jp/azure/security/
> develop/threat-modeling-tool-threats

10.3

AWSサービスでセキュリティ対策を行う

10.2節「セキュリティガイドラインの活用」で挙げたもの以外にもガイドラインはあり、すべてを理解し実装するのは現実的ではありません。AWSではある程度ベストプラクティスな設定を支援する機能があるので、うまく利用していきましょう。ここではリスクの検出と防御に分けて紹介します。

リスク検出を支援するAWSのサービス

すべてのリスクをカバーできるAWSサービスはありません。**表10.3.1**の中で導入しやすいもの、特に無料のAWS Trusted AdvisorやAWS IAM Access Analyzerから導入するとよいかもしれません。またConfigは、用意されているマネージドルールだけではなく自由に作成するカスタムルールもあり、組織のルールから外れる設定をされたときに容易に検出・是正できます。積極的に導入を検討したいサービスです。

Security HubはConfigをはじめ、Guard DutyやInspectorなどのセキュリティ系AWSサービスの結果を受信し、ベストプラクティスに沿ったチェックを行います。Security Hub自体の費用はそれほどかかりません。ひと月あたり1リージョン・1アカウント・1チェックで最初の10万回まで0.0010USDで、検出結果の取り込みは、ひと月あたり1リージョン・1アカウント・1イベントあたり最初の1万回まで無料です。基本的には有効にするとよいでしょう。

> **参考:**「AWS Trusted Advisorベストプラクティスチェックリスト」 https://aws.amazon.com/jp/premiumsupport/technology/trusted-advisor/best-practice-checklist/
>
> 「AWS Configのサポートされているリソースタイプ」 https://docs.aws.amazon.com/ja_jp/config/latest/developerguide/resource-config-reference.html
>
> 「AWS Configマネージドルールのリスト」 https://docs.aws.amazon.com/ja_jp/config/latest/developerguide/managed-rules-by-aws-config.html

ここでは、EC2などの脆弱性検出に役立つInspectorと、リリース後のセキュリティ担保に役立つConfigについて、順に説明します。

▶ 表10.3.1　リスク検出を支援するAWSのサービス

AWSサービス名	機能	使い方
AWS Trusted Advisor	「コストの最適化」「パフォーマンス」「セキュリティ」「耐障害性」「サービスクォータ」の観点から、ベストプラクティスに沿ったアクションを推奨	加入しているサポートプランによってチェック項目は異なるが、無料のデベロッパープランでもサービスクォータと基本のセキュリティチェックが可能。Trusted Advisorのダッシュボードで[すべてのチェックを更新]を押すだけでチェック結果を確認できる
AWS IAM Access Analyzer	設定を有効にしたリージョン内の特定のAWSリソースのリソースベースポリシーを参照し、セキュリティ上のリスクであるリソースやデータへの意図しないアクセスを特定する	Access Analyzerを作成すると24時間以内に定期スキャンが実行されるため、EventBridgeやSecurity Hubなどと連携し、通知を受けるようにしておく
Amazon Inspector	OS・ミドルウェアの脆弱性や意図しないネットワーク設定がないか、EC2やECRへ定期的にスキャンする。最新のCommon Vulnerability and Exposures (CVE) 情報をネットワークへの到達性と組み合わせ、リスクをスコアで表現して対応の優先順位を付けやすくする	AWS Systems Managerのエージェントをインストールし、定期スキャンまたは手動スキャンを行う。作成されたレポートをもとに対応可否や優先度を判断し、脆弱性に対応していく
AWS Config	指定リージョン内で管理できるAWSリソースの設定を評価・監査・審査する	たとえば、パブリックIPをEC2インスタンスに付与させたくない場合にマネージドルール「ec2-instance-no-public-ip」を有効にし、パブリックIPを持つEC2インスタンスが作成されたとき、または設定変更でパブリックIPを付与されたときに、連携するAmazon SNS経由でメールなどに通知をする
AWS Security Hub	複数のセキュリティサービスやサードパーティ製品のアラートを集約し、セキュリティのベストプラクティスをチェックする	Security Hubでの有効化に加え、Security Hubへ結果を送信するAWSサービス側でも機能の有効化や設定を行う

Amazon Inspector

　InspectorはEC2やECRイメージに加え、2022年12月にAWS Lambda関数とLambdaレイヤ（Java、Node.js、Python）のワークロードも脆弱性スキャンの対象となりました。脆弱性は、すでに利用しているパッケージなどから新たに見つかることもあるため、デプロイ前だけではなく、継続的に最新の脆弱性情報でチェックします。

　Inspectorの費用は、EC2インスタンスで1.512USD/月（720時間起動している場合）、ECRでは最初のpush時に0.11USD、そのあとはスキャンごと

に0.01USD/月、Lambdaで0.36USD/月と、計算が比較的簡単です（費用はいずれも東京リージョン）。

有効化自体は1クリックで完了するため、EC2やECR、Lambdaを使用するシステムでは必ず有効化しましょう。

Inspectorを使用する際は、以下の点にご注意ください。

- **古いOSバージョン、ミドルウェアはスキャン対象外**
  - ダッシュボードなどですべてのリソースがスキャンできているか確認する
  - 最新の対応状況は「参考」の「Operating systems and programming languages supported by Amazon Inspector」を確認のこと
- **個別にInspectorのスキャン有効化、または無効化はできない（Lambda関数以外）**
  - 基本的には有効にしたリージョンのすべてのEC2インスタンス、ECRリポジトリ、ECRイメージがスキャンされる
  - EC2インスタンス全体、ECRリポジトリ全体、ECRイメージ全体、Lambda関数全体の有効化、無効化は設定可能
  - Lambda関数のみ個別にスキャンを無効化できる
  - Lambda関数はタグのキーに「InspectorExclusion」、値に「LambdaStandard Scanning」と設定する

また、Inspectorは脆弱性を検出しますが、是正の判断・対応はユーザーが行います。判断は独自の数値によって重要度を表すInspectorスコアを利用しましょう（**表10.3.2**）。

たとえば重要度「高」「クリティカル」に関しては対応する、と顧客と合意形成をし、スキャンで「高」「クリティカル」となった脆弱性について是正対応をしていきます（この地味で気の遠くなる作業がセキュリティ製品を担当する際の醍醐味です）。特にOSの脆弱性では、パーティションの切り方やセキュリティの設定などあとから対応するとほかの領域に影響のあるものも多いため、Inspectorは**可能な限り早い段階で有効化**してください。

▶ **表10.3.2** 重要度とInspectorスコア

重要度	Inspectorスコア
クリティカル	9.0〜10.0
高	7.0〜8.9
中	4.0〜6.9
低	0.2〜3.9
情報	0〜0.1

参考:「Operating systems and programming languages supported by Amazon Inspector」https://docs.aws.amazon.com/inspector/latest/user/supported.html

AWS Config

Inspectorは有効化するだけで「いい感じ」に脆弱性を検出してくれるサービスです。一方、Configは基本的に検出したいリスクひとつひとつを設定するサービスで、最初の設計・設定部分に多くの工数がかかります。2023年4月現在、300を超えるマネージドルールがAWSより提供されています。システムに必要とされる設定を精査し、マネージドサービスで用意されていないものは必要に応じてカスタムルールを作成します。

マネージドサービスの一例を以下に示します。

▶ **api-gw-ssl-enabled**
API Gateway（REST API）のステージでSecure Sockets Layer（SSL）証明書が使用されているかどうかを確認し、使用されていない場合に非準拠（NON-COMPLIANT）となる

▶ **cloudtrail-enabled**
CloudTrailの証跡が有効になっているかを確認し、有効になっていない場合に非準拠（NON-COMPLIANT）となる

▶ **eip-attached**
AWSアカウントに割り当てられたEIP（*Elastic IP Addresses*）がEC2インスタンスまたはENI（*Elastic Network Interface*）にアタッチされているか確認し、アタッチされていない場合に非準拠（NON-COMPLIANT）となる

Configのルールは Inspectorと同様、**検知するのみ**です。すべてのマネージドルールではありませんが、自動修復がセットになったコンフォーマンスパック（適合パック）を利用するのもよいでしょう。

また2022年11月からプロアクティブなチェックもできるようになりました。通常、Configは設定の変更を検知して通知しますが、その後、自動復旧を組み込んでいたとしても多少のタイムラグは発生します。

プロアクティブなチェックを有効にすることでCloudFormationのカスタムフック機能を利用し、**スタックテンプレートでリソースを作成する前にルールをチェックする、CI/CDパイプラインに組み込んでデプロイ前にルールをチェックする**といった使い方ができるようになっています。

サイバー攻撃からの防御を支援するAWSのサービス

　セキュリティ対策を行うにあたって、GuardDuty、AWS Shield、AWS WAFの3つのサービスを紹介します。それぞれのサービスの保護対象サービスは図10.3.1のとおりです。

　GuardDutyはログから悪意のあるアクティビティを検出します。AWS ShieldはStandardとAdvancedがあり、StandardはOSI参照モデルのレイヤ3と4、AdvancedはOSI参照モデルのレイヤ3、4、7への攻撃からシステムを保護します。AWS WAFはWebアプリケーションへの攻撃を防御します。なおAWS Shield Advancedを有効化すると、追加費用なしでAWS WAFとAWS Firewall Managerを利用できます。

　セキュリティ対策は多層防御が基本です。攻撃の対象が異なるため、この3サービスは有効化するようにしましょう。

Amazon GuardDuty

　GuardDutyは、CloudTrailのイベントやAmazon EKS監査ログ・VPCフローログなどを分析して脅威を検出するリージョン別のサービスです。AWSアカウントへの侵害やインスタンスへの侵害、バケットへの侵害からシステムを保護します。たとえば悪意のある既知のIPとのアウトバウンド通信

▶図10.3.1　セキュリティサービスの保護対象サービス

や、通常とは異なる地理的位置からのAPIコールをGuardDutyで検出します。そのほか具体的な検出内容は、「参考」の「Amazon GuardDutyの検出結果タイプ」を確認してください。

費用はモニタリング対象のイベント数やログ容量に基づきます。30日間の無料トライアルで、処理したデータ量と1日あたりの推定平均サービス料が表示されます。そのため、無料トライアルは、可能な限り実際の環境に近付けた状態で有効にするとよいでしょう。

> 参考：「**Amazon GuardDutyの検出結果タイプ**」 https://docs.aws.amazon.com/ja_jp/
> guardduty/latest/ug/guardduty_finding-types-active.html

AWS Shield

AWS Shieldは、分散サービス妨害（DDoS）からシステムを保護するマネージドサービスです。一般的なネットワークレイヤ・トランスポートレイヤに対するDDoS攻撃からシステムを防御します。ちなみにAWS Shield Standardは、すべてのAWSへのアクセスに適用されるため追加のアクションは不要です。

AWS Shield Advancedを有効にすると攻撃状況をニアリアルで可視化し、大規模で高度な（レイヤ7の）DDoS攻撃の検出や緩和策の実施も可能です。ただし、費用は組織企業単位での適用で月額3,000.00USD（1年間のサブスクリプション契約）と高額なため、導入は慎重に検討しましょう。

AWS WAF

WAFとはWeb Application Firewallの略で、Webアプリケーションの脆弱性に対する攻撃から保護するセキュリティ対策です。AWS WAFでは、Amazon CloudFrontディストリビューションやAmazon API Gateway REST API、Application Load Balancer、GraphQL API用のAWS AppSyncへデプロイします。

AWS WAFでは、ウェブアクセスコントロールリスト（ACL）とルール（または再利用可能なルールグループ）を使用してAWSリソースを保護します。Web ACLで特定のIPを許可またはブロックすると、システムのエンドポイントへのインバウンド通信を制御できます。ルールやルールグループはWeb ACLに関連付けて使用し、クロスサイトスクリプティング（XSS）やSQLインジェクションなどの、いわゆるWebアプリケーションの脆弱性に対する

攻撃から防御します。

　ルールグループは4種類あります（**表10.3.3**）。未知の脅威に対する対応
は、AWS Marketplace販売者が提供するルールグループに勝るものはあり
ません。きちんとしたセキュリティを担保したい場合は、AWS Marketplace
販売者のルールグループを使用してください。

　ある程度のセキュリティを担保できればよい場合は、AWSの提供するマ
ネージドルールを利用すればコストをかけずに手軽にWAFをシステムに組
み込めます。

　独自のルールグループやほかのAWSサービスで管理されるルールグルー
プを使用する場合は、AWSマネージドルールグループやAWS Marketplace
販売者のルールグループと組み合わせて、組織やシステム独自のルールを
設定するようにしましょう。

未知の脅威への対応自動化

　サイバー攻撃からの防御を支援するサービスは、不正な通信を防ぎ、既
知の攻撃からシステムを保護するものです。しかし、基本的な思想は、積
極的に不正と判断する「フォールスポジティブ（誤って異常と判断すること）」
ではなく、消極的に不正と判断する「フォールスネガティブ（誤って正常と
判断すること）」です。これは怪しい通信をすべて遮断してセキュリティを
担保するよりも、**誤って正しい通信を止めないことやサービス影響が出な
いことを優先**するためです。

　そのためセキュリティ対策は入れておしまいではなく、日々進化する攻
撃手法を検知し、新しく防御の設定を追加していくことが重要です。脅威
の種類は、システム構成や使用するサービスによって異なります。マネー
ジドサービスやサードパーティの製品を組み合わせることも検討するとよ
いでしょう。また検知したことを通知するしくみや自動復旧するしくみは、

▶ **表10.3.3** AWS WAFのルールグループ

種類	コスト	未知の脅威への対応	運用の容易さ
AWSマネージドルールグループ	○	△	○
AWS Marketplace販売者のルールグループ	△	○	○
独自のルールグループ	○	△	×
ほかのAWSサービスで管理されるルールグループ	○	△	×

別途構成しなければいけないことにも注意しましょう。監視しているログ
やイベントをトリガとして通知する例は、13.1節「監視の種類」を参照して
ください。

第 **3** 部

AWSの運用設計編

第 **11** 章

ジョブ管理

AWSでは高価なジョブ管理ソフトウェアを購入しなくても簡単にジョブを実装できるサービスが複数あります。その中でも大量の、または負荷の高い処理を行う場合は、かかる費用を抑えながら再実行できる構成にすることが重要です。必要なときに大量のリソースを使用できるクラウドならではの利点を活かしていきましょう。

11.1

ジョブ実行に関連するサービスの種類と選択

ひとまとめのデータを一括で処理する方式を「バッチ処理」と呼び、データが届くたびにすぐ処理をする方式を「オンライン処理」と呼びます。たとえば、システムのバックアップやデータの集計などは特定の時間や一定の間隔にジョブを起動し「バッチ処理」を行う、ユーザーの登録や情報変更はすぐにシステムに反映され、ユーザーが使用できるように「オンライン処理」を行う、という使い方をします。

バッチ処理を行うシステムをジョブ管理システムといいます。身近なところではMicrosoft WindowsのタスクスケジューラやLinux系のat、cronがあります。またオンプレミス環境でよく使用されるソフトウェアだと、JP1/ Automatic Job Management System 3（JP1/AJS3）や、Systemwalker、WebSAM JobCenter、Senju、Hinemosなどが有名です。みなさんも一度は聞いたことのある名前ではないでしょうか。

AWSではサーバにソフトウェアを導入したり、各サーバに設定したりせずに、サーバレスなマネージドサービスでジョブ管理（システム）を実装できます。

AWSのジョブ実行に関連するサービス

AWSでジョブ実行に関連するサービスを**表11.1.1**に示します。

Amazon EventBridge（以下、EventBridge）は、基本的にトリガとして使用されます。何かしらのイベントをEventBridgeのルールでキャッチ、AWS Lambda（以下、Lambda）やAWS Step Functions（以下、Step Functions）を起動する、という使い方です。また機械学習や大規模なデータ分析などをする場合は、AWS Batch（以下、Batch）やECS Scheduled Taskが適しています。必要なときに必要なだけのサーバ資源を利用するという、クラウドならではの使い方ができます。Step Functionsは、EventBridgeやLambda、Batchなどを組み合わせて、ワークフローを作成します。

処理時間が15分以内に収まる軽量な処理であれば、Lambdaで実装する

▶ 表11.1.1　AWSのジョブ実行に関連するサービス

AWSサービス名	特徴	デメリット
Amazon EventBridge	イベント駆動または特定の日時で起動し、ほかのAWSサービスに処理を連携できる	イベント駆動では単体での処理実行はできず、ほかのサービスのトリガとして使用されるのみとなる
AWS Lambda	処理の内容をコードで記載する。EventBridgeやStep Functionsなど多数のAWSサービスをトリガとして実行できる	最大で15分しか実行できず、長時間の処理には不向き
AWS Batch	コンテナ化された複数のバッチ処理をStep Functionsを使わずに単体で実装できる。負荷の高い処理を効率的に行う	コンテナ環境を使用するため学習コストが高い。キューとコンピューティング環境の起動に時間がかかる
AWS Step Functions	条件を使って複数の処理を直列・並列につなげられる。視覚的にGUIでワークフローを構築できる	失敗したタスクから再実行できず冪等性（べきとうせい）注a を保てるような設計が必要
ECS Scheduled Task	AWS Batchの実行環境をECSで構築し管理できる。Lambdaで処理できない大量データ処理に向いている	ECSの知識が必要。ほかのAWSサービスと直接連携はできない

注a　冪等性は、同じ操作を何度繰り返しても同じ結果を得られる性質です。

のがよいでしょう。ほかのBatchやECS Scheduled Taskと比べて環境構築や運用の工数が抑えられ、AWSサービスとの連携も実装しやすいのでアプリケーション開発に集中できます。

　本章では、大規模な処理を実装するBatchと、ワークフローとして利用できるStep Functionsに焦点を当てて説明します。EventBridgeは8.3節「Amazon EventBridge」を、Lambdaは5.1節「コンピューティングサービスの種類と選択」と本節の次項を参照ください。ECS Scheduled Taskは単にEventBridgeでのトリガを元にECSでのタスクを実行するものですので、本書では説明を割愛いたします。

AWS Lambdaでジョブ管理を実装する

　軽量な処理はLambdaで簡単に実装できます。**図11.1.1**はEventBridgeで5分おきにLambdaを実行し、結果をAmazon DynamoDB（以下、DynamoDB）のテーブルに格納する構成図です。

　店舗ごとに配置したRaspberry PiからAWSへ1分ごとのデータを送信し、DynamoDBへ格納しています。EventBridgeからターゲットのLambdaにJSONで店舗IDを渡します。その店舗IDをキーに、格納されたDynamoDB

▶**図11.1.1** Lambdaで簡易なジョブを作成する

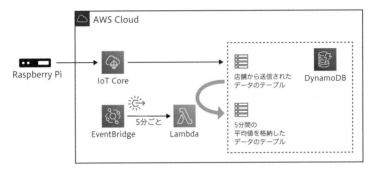

▶**図11.1.2** LambdaのDurationやErrorカウントのモニタリング

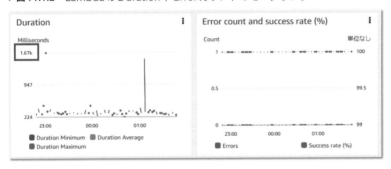

　から過去5分間のデータを取得し平均値を算出、別テーブルに格納します。格納されたデータをWebアプリケーションで参照し、画面に出力する仕様です。Lambdaを作成したらモニタリングタブでDurationやError countなどを確認してみましょう。

　図11.1.2では遅いときには1.7秒ほど実行にかかっています。これが断続的に続くようであれば、メモリ量の調整やタイムアウト値の変更、コードの修正検討を行います。Lambdaの実行時間（*Duration*）はデフォルトで3秒です。エラーが発生した際に検知できるように、Errorカウントまたは出力されたログからCloudWatchアラームを実装します。なお、実行時間が伸びることを最初から想定できる場合は、Durationを閾値としてCloudWatchアラームを実装するとエラーが発生する前に対応できます。

11.2

AWS Batch

　前節ではEventBridgeとLambdaを組み合わせてジョブを実装しましたが、たとえば実行時間が15分を超える処理ではLambdaを利用できません。そのような長時間、高負荷の処理はBatchでの実装を検討しましょう。

　Batchはコンテナ環境を使って処理を行うため、利用にあたっておさえておくべきポイントは多くあります。ここではそのポイントについて解説します。

Batchの特徴

Batchのコンポーネント

　Batchの構成要素は**図11.2.1**のとおりです。BatchのジョブはAmazon ECS(以下、ECS)やAmazon EKS(以下、EKS)、AWS Fargate(以下、Fargate)のコンテナ上で実行されます。以下はECSやFargateでBatchを実行する際の説明です。本書はAWSの解説書であり、Kubernetes関連で参考となる書籍や情報も多くありますので、EKSの解説は割愛します。

▶**図11.2.1**　Batchのアーキテクチャ

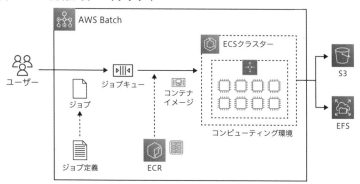

- ▶ **ジョブ**
  - ▶ Batchに送信する作業単位（スクリプト、Linux実行ファイル、Dockerコンテナイメージなど）のこと。名前で管理される
  - ▶ コンピューティング環境にFargateまたはAmazon EC2（以下、EC2）を選択する
  - ▶ ほかのジョブを参照したり、ほかのジョブの実行結果に依存して実行させたりできる
- ▶ **ジョブ定義**
  - ▶ ジョブの実行方法を指定
  - ▶ メモリ要件、CPU要件を指定
- ▶ **ジョブキュー**
  - ▶ 1つのジョブキューには1つ以上のコンピューティング環境を関連付けられる
  - ▶ コンピューティング環境に優先度を割り当て、その優先度に応じて柔軟にジョブを実行できる
- ▶ **コンピューティング環境**
  - ▶ FargateまたはEC2を選択
  - ▶ 設定の範囲内でオートスケーリングする

前述のとおりBatchは、数秒しか起動しない短いジョブや即時実行が必要なジョブには向いていません。また大量データ処理を行う想定の場合は、以下の項目に留意してください。

- ▶ **EC2インスタンスの最大数のクォータ**
  - ▶ Batchで実行できるインスタンス数のクォータはEC2のクォータに含まれる
  - ▶ インスタンスの購入オプション（オンデマンド、リザーブド）やインスタンスタイプによって異なるため確認が必要
  - ▶ 必要に応じてクォータを増やすようにリクエストする
- ▶ **各リージョンのAmazon EBS（以下、EBS）のクォータ**
  - ▶ インスタンスが使用するGP2、GP3ボリュームのクォータは300TiB
  - ▶ 300TiBに達するとインスタンスを新規で作成しない
- ▶ **ボトルネックを見極める**
  - ▶ vCPUを段階的に増やし必要なスペックを特定する
- ▶ **適切な監視を設定する**

またコンテナ内のデータ領域は一時的に利用し、Amazon S3やAmazon EFS（以下、EFS）を介してデータをやりとりする流れでジョブを構成しましょう。冪等性を担保する構成にすることでリトライやトラブルシューティングのしやすさが増します。

配列ジョブとジョブの依存関係

ジョブのパターンは、1回のジョブ投入で複数の子ジョブを作成する「配列ジョブ」と、前のジョブ完了後に次のジョブを開始する「ジョブ依存関係」の組み合わせによって、**図11.2.2**の3つに分かれます。

EC2 SpotやFargate Spotを活用しコストを最適化する

大規模な処理を短時間で行うために多数のインスタンスを起動したい場合には、EC2 SpotやFargate Spotが活用できます。これらで作成するSpotインスタンスはオンデマンドに比べて最大90％も安くなるため、処理のコストを低く抑えられます。しかしこのSpotインスタンスは「中断が発生する可能性がある」といわれており、本番環境で使用するのをためらう方は多いでしょう。Batchでは、以下を考慮して安全で確実なバッチ処理とコスト削減を両立するように提案しています。

- ▶ **キャパシティの確保と中断に強い構成にする**
  - ▶ キャパシティの確保がしやすいように幅広いインスタンスタイプを選択（EC2 Spotのみ）
  - ▶ 冪等性を考慮したジョブ設計にし、リトライできるようにする
- ▶ **ジョブを短時間で終わるように設計する**
  - ▶ 定期的に結果をAmazon S3やEFSへ出力するチェックポイント方式にする
  - ▶ スケールアウトして短時間でジョブが完了するように設計し、リトライの余裕を持つ
- ▶ **ジョブの再試行回数を設定する**

また**図11.2.3**のように必要に応じてコンピューティング環境をSpot用

▶ **図11.2.2** ジョブパターン

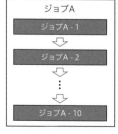
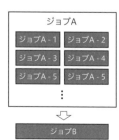
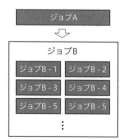

1. シーケンシャル　　　2. 集約　　　3. 前処理

▶ **図11.2.3** Spot用とオンデマンド用に分ける

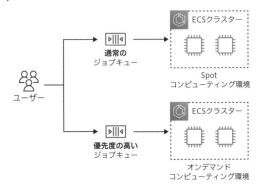

▶ **図11.2.4** Spot用で失敗した際にオンデマンド用にジョブを再投入する

とオンデマンド用に分けたり、**図11.2.4**のようにSpot用で失敗した際に
オンデマンド用にジョブを再投入したりする活用方法もあります。

11.3

AWS Step Functions

　Step Functionsは、200以上のAWSサービスまたは9,000以上のAPIアクションを組み合わせ、ワークフローを視覚的に作成・実行できるサービスです。AWSのワークフローサービスはほかにAmazon Simple Workflow Service（SWF）がありますが、基本的に今後のアプリケーション開発ではStep Functionsの利用が推奨されています。「プロセスにおいて介入する外部信号が必要な場合」や「結果を親に返す子プロセスを起動する場合」にはAmazon SWFを利用する

とよいと、Step Functions公式のQ&A^{注1}に記載されています。

Step Functionsの特徴

Step Functionsではワークフローを視覚的に作成します。各ステップには、たとえばLambda関数の呼び出しやDynamoDBのテーブルからのアイテム取得、Batchジョブの実行など、200以上のAWSサービス、9,000以上のAPIアクションを設定できます。

ワークフローのタイプ

ワークフローにはStandardとExpress、2つのタイプがあります。Standardワークフローは1秒あたり2,000イベントを実行でき、Expressワークフローでは1秒あたり100,000イベントを実行できるため、実行頻度の高い処理を短時間で処理させる際はExpressワークフローを利用する、と覚えておくとよいでしょう。そのほかStandardとExpressの主な違いを**表11.3.1**に示します。

Step Functionsの状態

Step Functionsで作成するワークフローは「ステートマシン」と呼ばれ、そのワークフローの各ステップを「ステート」と呼びます。それぞれのステートではステートマシンで一意となる名前で「状態」を定義します。「状態」のタイプは以下の7種類です。

▶ **タスク**
  ステートマシンで何らかの作業を行う

▶ **選択**
  条件分岐

注1　https://aws.amazon.com/jp/step-functions/faqs/

▶ **表11.3.1**　StandardワークフローとExpressワークフローの主な違い

項目	Standardワークフロー	Expressワークフロー
最大実行(継続)時間	1年	5分
実行開始レート	2,000以上/秒	100,000以上/秒
状態遷移レート	1アカウントあたり4,000以上/秒	ほぼ無制限

▶ **失敗または成功**

　処理を失敗または成功としてワークフローを停止する

▶ **パス**

　入力を単純に出力に渡す、または一部の固定データを出力する

▶ **待機**

　一定時間の待機、または指定の日時まで待機する

▶ **並行**

　並行なステートを開始する

▶ **マップ**

　動的な反復処理を行う

　図11.3.1には2つのステートマシンがあります。左側の最初のステート
は「並行」なので、Task1と待機、Task3がそれぞれ実行されます。右側の最
初のステートは「選択」なのでTask1か待機、Task3のうちaの値によって単
一の処理が実行されます。

Step Functionsの入出力

　各ステートの入出力はJSONで行い、入出力に使用される5つのフィール
ドをタイプによって選択できます。たとえば失敗または成功のタイプでは入
出力フィールドがありません。なお、どのフィールドも必須ではありません。

　図11.3.2にあるタスクタイプの入出力で5つのフィールドを説明します。

▶**図11.3.1**　パラレルステートと選択ステートの例

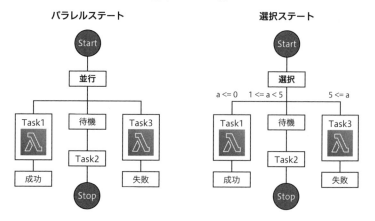

▶ 図11.3.2　各ステートの入出力

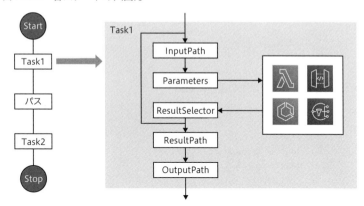

　もともとのタスクに渡される入力を以下のJSONとします。メンバー情報としてAliceとBobのIDが記載されています。

```
{
  "members": {
    "Alice": {
      "id": "ABCDEF"
    },
    "Bob": {
      "id": "FGHIJ"
    }
  }
}
```

▶ **InputPath**
  ▶ 与えられた入力からキーを指定し、必要な値のみをそのタスク内の処理へ渡すときに使用
  ▶ たとえばAliceのid値のみを処理に渡す場合は、「InputPath」に「$.members.Alice.id」と指定する

▶ **Parameters**
  ▶ 入力の一部を使用して新たなJSONを作成し、タスク内の処理へ渡すときに使用
  ▶ 入力値からキーと値のペアを使用する場合、設定するキーの名前は「XXX.$」と最後に「.$」で終わるようにする
  ▶ たとえば以下のとおり、後続の処理へ実行日の情報（date）を追加して渡したい場合（かつ、"member"ではなく"info"で渡す）を考える

```
{
  "info": {
    "Alice": {
```

```
    "id": "ABCDE",
    "date": 20221201
    }
  }
}
```

▶ **「Parameters」には以下のように記載**

```
{
  "info": {
    "Alice": {
      "id.$": "$.members.Alice.id",
      "date": 20221201
    }
  }
}
```

▶ **ResultSelector**
  ▶ ResultPathに渡す前に処理で得られた出力から（または静的な値）必要なJSONだけをフィルタリングする
  ▶ タスク、並行、マップでのみ使用
  ▶ たとえば処理で得られる出力が以下のJSONでの場合を考える

```
{
  "execdate": 202212011500,
  "detail": {
    "Alice": {
      "city": "New York",
      "age": 25
    }
  }
}
```

▶ **cityの値だけを取得する場合は「ResultSelector」に以下のように記載**

```
{
  "city.$": "$.detail.Alice.city"
}
```

▶ **ResultPath**
  ▶ 元の入力を出力に追加する、または元の入力を出力に利用する場合に使用
  ▶ タスク、パス、並行でのみ使用
  ▶ たとえば"id"を出力に追加する場合に「ResultPath」へ「$.members.Alice.city」を指定すると、出力は以下のJSONになる

```
{
  "members": {
    "Alice": {
      "id": "ABCDEF",
      "city": "New York"
    },
    "Bob": {
      "id": "FGHIJ"
    }
  }
}
```

▶ **OutputPath**
  ▶ 処理で得られた出力からキーを指定し、必要な値のみを次のステートに渡す（次のステートの入力になる）
  ▶ たとえばAliceのidだけのデータを出力とする場合は「OutputPath」に「$.members.Alice.id」と指定する

　Step Functionsには「データフローシミュレーター」という、入出力の値を変更してどうなるかを学べる機能が用意されています。ステートマシンを作成する前に、まずはこのデータフローシミュレーターを使って自分の実装したい処理の入出力を試してみるとよいでしょう。

ステートマシンを作成する

　実際にステートマシンを作成しデバッグを行うと、より理解が深まります。まずはGUIでワークフローを作成し、慣れてきたらコードで記載してみましょう。

Step FunctionsでWebサイトの正常性確認を行う

　例として作成するステートマシンの全体構成を**図11.3.3**に示します。5分おきに起動するEventBridgeをトリガとし、HTTPステータスコードが200以外の場合にはAmazon SNS経由でメールを送信するというURL監視です。
　「Workflow Studio」を使用すると**図11.3.4**のような、左ペインから真ん中のペインへ、ドラッグ＆ドロップでサービスのアクションやタスクの状態などを挿入できる画面を使ってワークフローを組み立てられます。
　各ステートを選択すると、右ペインで設定可能な項目が表示されます。各設定の内容は以下のとおりです。

▶ **図11.3.3** URL監視を Step Functions で実装する

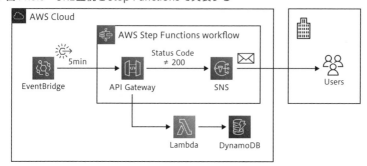

❶ **APIGateway: Invoke**
- ▶ 実行する API Gateway の情報（パス、クエリパラメータなど）を設定に JSON で記載
- ▶ 出力で「ResultSelector」を使用してステータスコードだけフィルタリング

```
{
  "StatusCode.$": "$.StatusCode"
}
```

❷ **Choice state**
- ▶ HTTP ステータスコードが 200 以外であれば Amazon SNS 経由でメールを送る
- ▶ Default Rule として❸の Success ステートに移行する
- ▶ Rule #1 として `If these conditions are true: not($.StatusCode == 200)` と記載（これも GUI で選択できる）し、その場合は SNS Publish ステートに移行する

❸ **Success ステートではこのままステートマシンを終了する**

❹ **Amazon SNS 経由でメールを送信する**
- ▶ トピック ARN と送信するメッセージを指定する

Step Functions はコードを書くのに慣れていないエンジニアでも簡単に GUI でワークフローを作成できるのが特徴ですが、Lambda などで実装するのに比べて費用が高くなる傾向があることに注意しましょう。

図11.3.3の構成の場合、費用は月額で以下の計算式です。

- ▶ 3（状態遷移）×（60/5）（回/時間）×24（時間）×31（日）= 26,784
- ▶ 26,784–4,000（1ヵ月あたりの無料枠）= 22,784

▶ 図11.3.4 URL監視のStep Functionsステートマシン

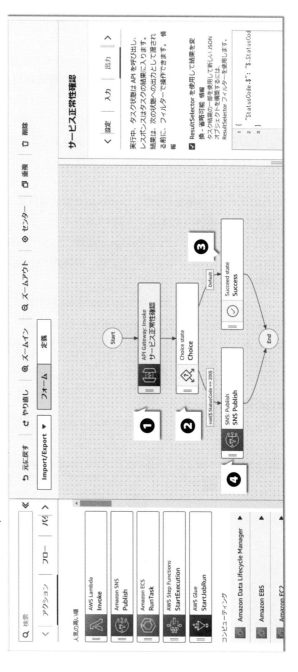

▶ **22,784×0.000025 (USD/状態遷移)≒0.57 (USD)**

　Step Functionsは状態遷移の回数で課金されます。例では状態遷移数が少ないため月額でも1ドルを下回りますが、状態遷移やそもそものステートマシン実行回数が多いと費用はどんどん上がっていきます。上記のステートマシンをEventBridgeとLambdaで実装すれば、無料利用枠内に納まります。想定以上の費用にならないように、Step Functionsを使う際は見積りを慎重に行ってください。

S3へのファイル格納をトリガにLambdaを複数実行する

　もうひとつの例の全体構成を**図11.3.5**に示します。S3へファイル格納されたことをトリガにEventBridgeが起動、Step Functionsのステートマシン内では、Lambdaが順次データ更新、公開先S3へ配置、元ファイル削除の処理を行います。

　ステップ数の多い処理にはStep Functionsが向いています。上記処理をStep Functionsを使用せずにEventBridgeとLambdaで実装することも不可能ではありませんが、各処理でエラーハンドリングや監視を実装するとトラブルシュートが煩雑になるでしょう。

実行の確認・デバッグ

　Step Functionsでは1つの画面でデバッグを行えるため、特に入出力でう

▶**図11.3.5**　S3へのファイル格納をトリガにLambdaを複数処理させる構成図

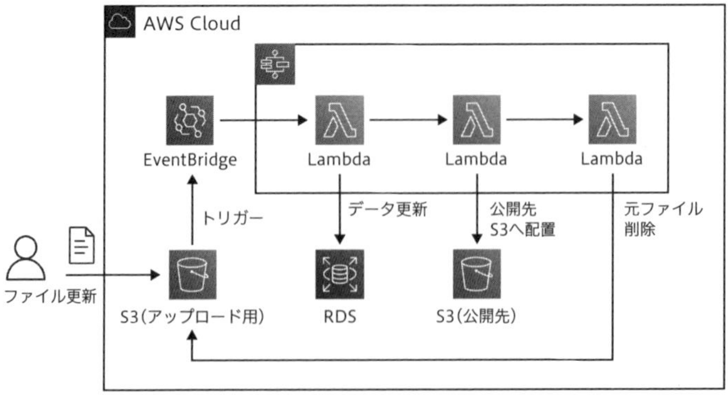

まくいかない場合はこの画面を利用して解決に導きましょう(**図11.3.6**)。

グラフビューでは進行状況に応じて色分けされ、各ステートでの入出力やイベントが右ペインで確認できます。またイベントではCloudWatch Logsへ出力されるログがステートごとに時系列でわかりやすく並んでおり、CloudWatch Logsを見なくてもこの画面だけで十分です(**図11.3.7**)。

ステートマシン作成時に「ログ記録」をOFF以外(ALL、ERROR、FATALで選択)にすると、「/aws/vendedlogs/states/<ステートマシン名>」でロググループが作成され、CloudWatch Logsへログが出力されます(**図11.3.8**)。

▶**図11.3.6**　Step Functionsのデバッグ

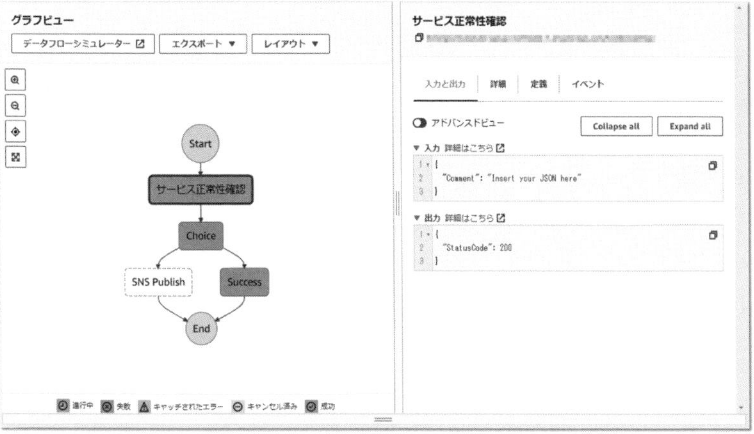

▶**図11.3.7**　Step Functionsの実行画面でのログ確認

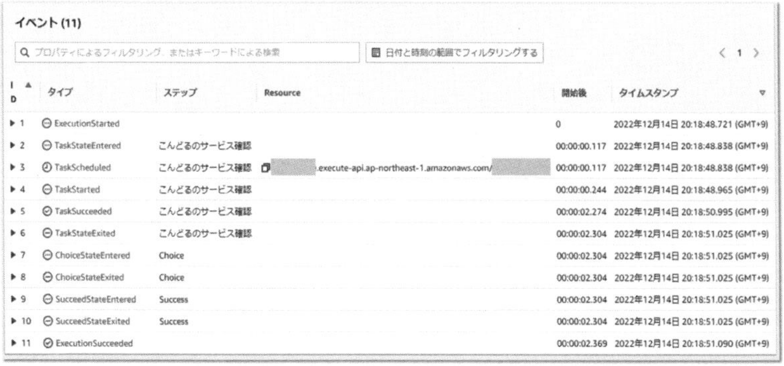
イベント (11)

ID	タイプ	ステップ	Resource	開始後	タイムスタンプ
1	ExecutionStarted			0	2022年12月14日 20:18:48.721 (GMT+9)
2	TaskStateEntered	こんどるのサービス確認		00:00:00.117	2022年12月14日 20:18:48.838 (GMT+9)
3	TaskScheduled	こんどるのサービス確認	.execute-api.ap-northeast-1.amazonaws.com/	00:00:00.117	2022年12月14日 20:18:48.838 (GMT+9)
4	TaskStarted	こんどるのサービス確認		00:00:00.244	2022年12月14日 20:18:48.965 (GMT+9)
5	TaskSucceeded	こんどるのサービス確認		00:00:02.274	2022年12月14日 20:18:50.995 (GMT+9)
6	TaskStateExited	こんどるのサービス確認		00:00:02.304	2022年12月14日 20:18:51.025 (GMT+9)
7	ChoiceStateEntered	Choice		00:00:02.304	2022年12月14日 20:18:51.025 (GMT+9)
8	ChoiceStateExited	Choice		00:00:02.304	2022年12月14日 20:18:51.025 (GMT+9)
9	SucceedStateEntered	Success		00:00:02.304	2022年12月14日 20:18:51.025 (GMT+9)
10	SucceedStateExited	Success		00:00:02.304	2022年12月14日 20:18:51.025 (GMT+9)
11	ExecutionSucceeded			00:00:02.369	2022年12月14日 20:18:51.090 (GMT+9)

▶ **図11.3.8** CloudWatch Logs でのログ確認

第 **12** 章

バックアップ

クラウドサービスの登場によってインフラの知
識が少なくてもアプリケーションを作れるよう
になってきました。しかし、エラーの発生や正
常に動かなくなったときに初めてインフラ領域
であるバックアップや監視の重要性を強く認識
することでしょう。AWSではバックアップを簡
単に一元管理できるサービスを用意しています。

12.1

クラウドでのバックアップの概要

バックアップ対象の整理

　オンプレミスでもクラウドでも、バックアップの重要性について大きく変わるところはありません。たとえばOSパッチを適用してミドルウェアが動作停止する、スクリプトのバグが原因でデータベースの情報が消える、本番環境と開発環境を間違えて接続し誤ったコマンドを打ってシステムが停止するなど、取得したバックアップから環境を復元する原因の例を挙げればきりがありません。ベストプラクティスに沿った冗長構成をとってもシステムは破損するリスクを抱えており、そのような破損への最後の砦としてクラウドのバックアップを適切に運用していく必要があります。

　オンプレミスサーバでは、**図12.1.1**のように主に「OS」「ミドルウェアやアプリケーション」「データ」がバックアップ対象です。Veeam Backup & Replication、Veritas Backup Exec、Arcserve Backupなどのバックアップ製品を導入し、バックアップ対象やタイミングを一元管理します。

　オンプレミスの仮想環境やクラウドのサーバは、基本的に「OS」「ミドルウェアやアプリケーション」「データ」すべてを保存するイメージバックアップを行います(**図12.1.2**)。そのためクライアントからのリクエストで変更する可能性のあるデータやあとで確認する可能性のあるログはクラウドのマネージドサービスで管理し、そのマネージドサービスでのバックアップを検討・実装します。またクラウドサービスの使い方によっては、ミド

▶**図12.1.1**　オンプレミスサーバのバックアップ

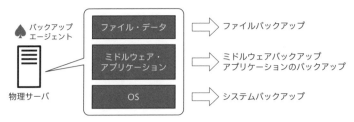

▶**図12.1.2** 仮想環境やクラウドサーバのバックアップ

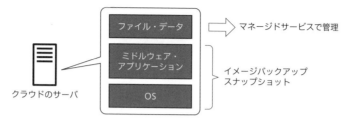

ルウェアやアプリケーションもサーバ上ではなくマネージドサービスで管理するほうが可用性は高く、運用も楽になります。仮想サーバを単なるアプリケーション実行環境として利用するコンテナでシステムを構成するなど、構成によって最適なバックアップ方法を検討するとよいでしょう。

AWSのバックアップ

AWSではバックアップ製品を導入せずとも、以下のようなバックアップをWebコンソールから実装できます。

▶ **Amazon EC2 (以下、EC2)**
　　▶ Amazon Data Lifecycle Managerで定期的にスナップショットを取得
▶ **Amazon RDS (以下、RDS)**
　　▶ 自動バックアップの有効化、手動バックアップの実行
▶ **Amazon S3**
　　▶ バージョニングの有効、ライフサイクル管理

サービスの機能としてバックアップが実装されていない場合は、別の方法でバックアップをとります。

以前は、Amazon EventBridge(以下、EventBridge) と AWS Lambda(以下、Lambda) を組み合わせてバックアップを定期実行したり、EC2上でAWS CLIを実行するスクリプトをcronやタスクスケジューラ経由で実行したり、要件によっては全ジョブを一元管理するための高価なジョブ管理ツールを導入したりと、かなり時間と手間がかかっていました。

現在は2019年前半に登場したAWS Backupがあるため、バックアップを一元管理できるようになっています。

12.2

AWS Backup

　AWS Backupは、最低料金や初期費用が発生しないフルマネージドなバックアップサービスです。AWSリソースのバックアップ自動化や保存期間が過ぎたデータの削除など、バックアップに関わるタスクの一元管理ができます。なおAWS BackupはAWS環境のみが対象のため、オンプレミス環境も含めて一元管理したい場合は旧来のバックアップまたはジョブ管理ツールを用いて実施します。

> **参考：「AWS Backupデベロッパーガイド」** https://docs.aws.amazon.com/ja_jp/aws-backup/latest/devguide/whatisbackup.html
>
> **「AWS Backupデベロッパーガイド-開始方法」** https://docs.aws.amazon.com/ja_jp/aws-backup/latest/devguide/getting-started.html

AWS Backupの機能

　AWS Backupには以下の機能があります。特徴的なのは法律・規制に対応したバックアッププランを作成できることでしょう。規制要件への準拠を実証する監査レポートも作成できます。

▶ **バックアップの一元管理**
  ▶ バックアップ要件を満たすバックアップポリシーを一元管理
  ▶ バックアップアクティビティログの一括表示

▶ **バックアップポリシーの適用**
  ▶ 法律・規制に対応する要件に従ったバックアッププランの作成・適用

▶ **タグベースのバックアップ**

▶ **ライフサイクルポリシーの作成**

▶ **リージョン間のバックアップ**

▶ **AWS Organizationsとの統合**

▶ **AWS Backup Audit Managerでの監査とレポート作成**

▶ **増分バックアップ**

▶ **ダッシュボードによるモニタリング**

- ▶ フルAWS Backup管理
- ▶ バックアップ先データの保護
- ▶ コンプライアンス義務のサポート
  - ▶ FedRAMP High、GDPR、SOC1、2 and 3、PCI、HIPAAなど

AWS Backupの概要

　AWS Backupはバックアッププランを作成し、バックアップルールで指定したスケジュール（頻度、開始時間など）でバックアップします（**図12.2.1**）。バックアップ対象のAWSリソースもバックアッププラン内で指定します。指定のしかたはタグやリソースID、特定のテーブルなどで、複数の「リソースの割り当て」をバックアッププランに含められます。バックアップが保存される領域は「バックアップボールト」と呼ばれ、バックアップされたAWSリソースの「復旧ポイント」をARNで確認できます。

　なお、すぐにバックアップを取得開始できる「オンデマンドバックアップ」もあります。ただしバックアッププランと異なり、たとえばAmazon DynamoDB（以下、DynamoDB）のテーブルを1つだけといったリソース単位でのバックアップ取得のみ行えます。**複数のリソースに対する一括でのバックアップはできません**。オンデマンドバックアップは早急にバックアップを取得したい際に利用し、その後正式にバックアッププランを作成す

▶**図12.2.1**　AWS Backupの概要

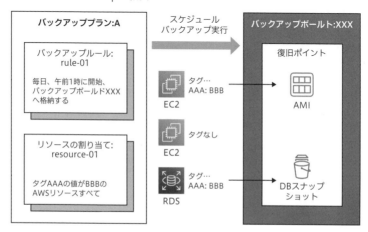

るとよいでしょう。

AWS Backupのサポート対象

2023年4月現在、AWS Backupでは**表12.2.1**のAWSリソースとサードパーティアプリケーションのバックアップをサポートしています。AWSリソースまたはシステムを構築するリージョンによって、サポートされているAWS Backupの機能が異なる可能性があります。たとえば大阪リージョンでは2023年4月現在、アカウント間のバックアップをサポートしていません。必ず最新の情報を確認するようにしましょう。

今後もAWS Backupが利用できるサービスは拡大する可能性があります。ただし新しいサービスがAWS Backupで利用可能となった場合でも、その

▶**表12.2.1** AWS Backupのサポート対象

サポート対象のAWSリソース	サポート対象のリソースタイプ
Amazon EC2	EC2インスタンス
Windowsボリュームシャドウコピーサービス (VSS)	EC2でWindows VSSがサポートするアプリケーション
Amazon S3	S3データ
Amazon EBS	EBSボリューム
Amazon DynamoDB	DynamoDBテーブル
Amazon RDS	DBインスタンス、マルチAZクラスタ
Amazon Aurora	Auroraクラスタ
Amazon EFS	EFSファイルシステム
FSx for Lustre	FSx for Lustreファイルシステム
FSx for Windows File Server	FSx for Windows File Serverファイルシステム
Amazon FSx for NetApp ONTAP	FSx for ONTAPファイルシステム
Amazon FSx for OpenZFS	FSx for OpenZFSファイルシステム
AWS Storage Gateway (ボリュームゲートウェイ)	AWS Storage Gatewayボリューム
Amazon DocumentDB	DocumentDBクラスタ
Amazon Redshift	Amazon Redshiftクラスタ
Amazon Timestream	Amazon Timestreamテーブル
Amazon Neptune	Neptuneクラスタ
VMware Cloud on AWS	仮想マシン
VMware Cloud on AWS Outposts	仮想マシン
AWS CloudFormation	AWS CloudFormationスタック

リソースのバックアップを取得したい際はひと手間必要です。

AWS Backupは、バックアップ対象のAWSサービスを「サービスのオプトイン」設定で管理しています。オプトインは「許諾する」「同意する」という意味です。たとえば**図12.2.2**は「サービスのオプトイン」設定の一部分を切り取ったもので、DynamoDBやAmazon EBS、EC2は有効になっているためバックアップを取得できます。Amazon AuroraやAWS CloudFormation、Amazon DocumentDBは無効のため、バックアップを取得できません。

新しくAWS Backupでバックアップを取得できるようになったサービスは、「サービスのオプトイン」設定を有効にするか、オンデマンドバックアップを取得します。設定を有効化しないままバックアップを取得すると、エラーが発生します。

AWS Backupの注意点

AWS Backupはバックアップポリシーやアクティビティを一元管理できる便利なサービスです。しかし利用の際に注意したほうがよい点がいくつかあります。

> ▶ **バックアップ保存領域（バックアップボールト）のDefaultは利用しない**
> Defaultで準備されているバックアップボールトはテスト時のみ利用する。実際のシステムではバックアップ対象ごとにバックアップ先を分けるなど、名前から格納されているデータをわかるようにし、リストア時に混乱が起こらないようにする

▶**図12.2.2** サービスのオプトイン

```
リソース 情報
このアカウントとリージョンのバックアッププランで保護するリソースタイプ (EC2、EFS など) を有効または無効にします。

有効なリソース

Aurora                                                              ◯●

CloudFormation - 新規                                                ◯●
AWS Backup でサポートされている CloudFormation スタック内のすべてのリソースは、サービスオプトイン設定で無効に設定さ
れていても、バックアップジョブに含まれます。詳細はこちら ☑

DocumentDB - 新規                                                   ◯●

DynamoDB                                                           ●◯

EBS                                                                ●◯

EC2                                                                ●◯
```

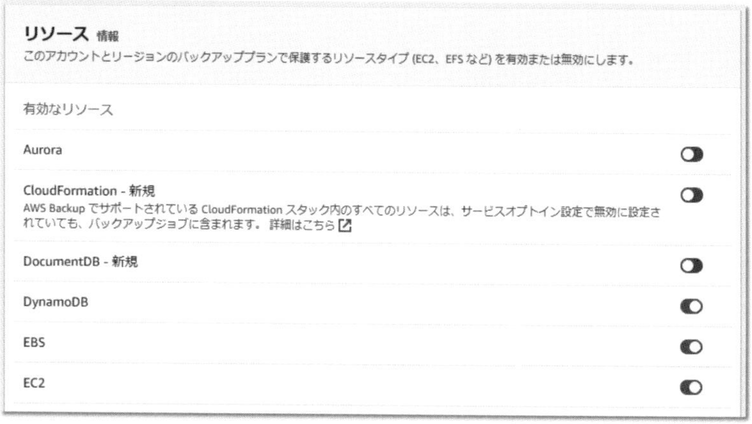

▶ **特殊な頻度の指定**

バックアップ頻度は毎日、毎週、毎月などをコンソールから指定し、たとえば月末など特殊な頻度を指定する場合は「カスタムcron式」を選択する（月末12:00（UTC）に実行する場合は「cron(0 12 L * ? *)」と記載）。詳しくは「参考」に記載のcron式を参照のこと

▶ **コールドストレージの利用**

ライフサイクル機能を使用すると、復旧時点をウォームストレージ階層からコールドストレージ階層に自動的に移行し、費用を削減できる。ただし2023年4月現在では対応リソースがAmazon EFS、DynamoDB、Amazon Timestream、VMware Backupのみサポートされているため、費用計算時には注意が必要

▶ **想定外にかかる費用**

AWS Backupは簡単に設定できてしまうため、費用が想定以上になることがある。バックアップを一定期間運用したあとに適切な範囲で費用が収まっているかしっかり確認して、場合によってはコストを抑える対応をしていく。特に以下の項目は料金が想定以上に高騰する可能性がある

  ▶ バックアップストレージの料金
  ▶ 復元の料金
  ▶ クロスリージョンのデータ転送の料金
  ▶ AWS Backup Audit Managerの料金

参考：「Amazon CloudWatch Eventsユーザガイド - Schedule Expressions for Rules」
https://docs.aws.amazon.com/ja_jp/AmazonCloudWatch/latest/events/ScheduledEvents.html

「製品-ストレージ-AWS Backup-AWS Backupの料金」
https://aws.amazon.com/jp/backup/pricing/

第 **13** 章

監視

クラウドで用意された監視のマネージドサービ
スでは、取得できる値や通知にかかる時間に制
限があり、オンプレミスの監視システムのよう
に柔軟な実装をできない可能性があります。仕
様を確認したうえでクラウドのマネージドサー
ビスで監視するのか、サードパーティ製の監視
ツールを導入するのかを検討しましょう。

13.1

監視の種類

オンプレミスでもクラウドでも、基本的に監視項目は大きく変わりません。ただしクラウド特有の監視項目として、クラウド事業者が提供する基盤の障害やシステム利用状況・課金状況があります。監視できる項目や方法は利用するAWSサービスによって異なるため、導入前には想定する障害や欲しい情報に対して監視ができるかどうかを確認するようにしましょう。代表的なAWSサービスの監視項目や監視例を**表13.1.1**に示します。

詳細な情報は各AWSサービスのAPIから取得できるものもありますが、本章では可能な限りコードを書かずにAmazon CloudWatch（以下、CloudWatch）を利用して情報を取得する方法を紹介します。また、いち早く障害から復旧させること、早期にキャパシティプランニングすることを目標に、監視や閾値を超えた際の通知、障害の復旧をAWSではどのように実装するのか説明します。

▶**表13.1.1** 代表的なAWSサービスの監視項目や監視例

カテゴリ	監視対象の AWSサービス	監視項目例	監視方法
AWS全体	リージョンや アカウントの 障害	AWSアカウントで利用し ているリージョン・サービ スの障害	AWS Health DashBoardの情報を AWS EventBridgeで検知、メール やSlackなどに通知する
	課金情報	AWS利用料、各サービス の使用状況	請求ダッシュボードのBudgetsから アラートを設定する、各AWSサービ スの使用状況のレポートを作成する
	各サービスの 設定情報	S3のバケットポリシー、セ キュリティグループのソー スIPアドレス	AWS Configで設定変更を検知、 EventBridgeやAmazon SNSを介 して通知する
仮想サーバ	EC2、ECSなど のコンテナサー ビス	CPU、メモリ、ディスク使 用率などのリソース状況	CloudWatchエージェントを導入 しメトリクスを監視
		システムログ、アプリケー ションログ	CloudWatchエージェントを導入 しCloudWatch Logsで監視
データベース	RDS、 DynamoDB	DB接続数、CPU使用率、 ログ	CloudWatchで監視
ストレージ	S3、EFS	リクエスト数、ストレージ 使用量	CloudWatchで監視

リソース監視

　リソース監視は、ソフトウェアまたはハードウェアを稼働させるのに必要な項目(CPUやメモリ、ディスク、ネットワークなど)の状態をモニタリングすることです。多くのAWSサービスは、追加の設定なく無料でモニタリングできる項目があります。

> 参考：「CloudWatchにメトリクスを発行するAWSサービス」 https://docs.aws.amazon.com/ja_jp/AmazonCloudWatch/latest/monitoring/aws-services-cloudwatch-metrics.html

Amazon CloudWatchで収集されたメトリクスを見る

　マネージドサービスでは、「参考」の「CloudWatchにメトリクスを発行するAWSサービス」に記載の項目(メトリクス)をデフォルトでCloudWatchに送信します。送信されたデータは**15ヵ月保持**され、その後自動的に削除されます。送信される間隔(データポイント)によってそのデータポイントでの使用期間は変わり、最小3時間(60秒未満のデータポイント)から最大455日(15ヵ月)(1時間のデータポイント)です。

　もちろん60秒未満のデータポイントで収集されたメトリクスデータは、3時間経過後に削除されるわけではありません。**15日間は1分間隔でのデータに集約、63日間は5分間隔でのデータに集約**され、メトリクスデータを収集してから日数が経過すると機微な変化を見られなくなることに注意してください。データは必要に応じてオフラインまたはAmazon S3に保存するとよいでしょう。

　デフォルトでメトリクスを確認できるものを「基本モニタリング」と呼びます。一部のAWSサービスでは、別途アクティブにすると取得できる有料の詳細モニタリング項目(AWSサービスごとに異なる)もあります。たとえばAmazon EC2(以下、EC2)では5分間隔となる基本モニタリングと比較して、詳細モニタリングは1分間隔でデータの取得ができます。費用が別途かかるため、有効化する前に詳細を確認しておきましょう。

> 参考：「CloudWatchにメトリクスを発行するAWSサービス」 https://docs.aws.amazon.com/ja_jp/AmazonCloudWatch/latest/monitoring/aws-services-cloudwatch-metrics.html
>
> 「Amazon CloudWatchの料金」 https://aws.amazon.com/jp/cloudwatch/pricing/

　収集されたメトリクスは、CloudWatchのメトリクス画面上で指定期間内（1h、3h、12h、1d、3d、1w、カスタム）の状況をグラフ化できます。CloudWatchでは送信されるメトリクスを「名前空間」の概念でグループ分けしています。マネージドサービスでは、AWS名前空間として通常は「サービス名」または「AWS/サービス名」でメトリクスが収集されます。

CloudWatchエージェントを導入してカスタムメトリクスを取得する

　デフォルトでたくさんの項目を監視できてラッキー！ そう思ったのもつかの間、よくよく見てみると「え？ この項目は取れていないの？」と気付くかもしれません。たとえばEC2インスタンスだと、デフォルトではCPUやディスク・ネットワークの情報を取得できますが、肝心のメモリ使用率やディスク使用率は取得できません。

　そういったデフォルトにはない項目を取得するには、サーバ側にCloudWatchエージェントをインストールし、収集したい項目をカスタムメトリクスとしてCloudWatchへ送信するように構成します。カスタムメトリクスは、標準メトリクスでは収集されない情報をStatsDやcollectDプロトコルを使用してアプリケーションやサービスから取得します（StatsDはLinuxサーバ、Windowsサーバどちらもサポートされていますが、collectDはLinuxサーバのみでサポートされています）。

　EC2インスタンスやオンプレミスのサーバの監視をCloudWatchで行う場合は、CloudWatchエージェントの導入は必須と考えたほうがよいでしょう。

Column

CloudWatchエージェントの対応OS

　Amazon Linux 2をはじめ、すでにCloudWatchエージェントが組み込まれているAMIも多くあります。導入前には対応OSやアーキテクチャを「参考」の「コマンドラインを使用してCloudWatchエージェントをダウンロードおよび設定する」でご確認ください。

> **参考：「コマンドラインを使用してCloudWatchエージェントをダウンロードおよび設定する」** https://docs.aws.amazon.com/ja_jp/AmazonCloudWatch/latest/monitoring/download-cloudwatch-agent-commandline.html
>
> **「CloudWatchエージェントにより収集されるメトリクス」** https://docs.aws.amazon.com/ja_jp/AmazonCloudWatch/latest/monitoring/metrics-collected-by-CloudWatch-agent.html

　ただし、より細かい設定や挙動を実現したい場合やマルチプラットフォームの監視を行う場合には、ZabbixやNagiosなどの監視ソフトウェアやNew Relic、Datadog、MackerelなどのSaaSを検討しましょう（監視ソフトウェアや監視のSaaSサービスからメトリクスデータを大量に取得すると、思いのほか高額になることもあるので注意しましょう）。

ログ監視

　EC2インスタンスやオンプレミスのサーバにCloudWatchエージェントを導入すると、指定のログをAmazon CloudWatch Logs（以下、CloudWatch Logs）へ送信します。送信されたログはCloudWatchマネジメントコンソール上で確認でき、そこからフィルタリングして必要なログだけ確認したりアラートを設定したりできます。

　一部のAWSマネージドサービスは、CloudWatch Logsへデフォルトでさまざまなログを送信します。送信元サービスのデータを送信するタイミングや間隔を必ず公式のドキュメントで確認しましょう。たとえばAWS内のアカウントアクティビティをモニタリングし証跡を残すサービス・AWS CloudTrail（以下、CloudTrail）では、API呼び出しからイベントを送信するまで最大15分かかります。CloudTrailのログはCloudWatch Logs上でリアルタイムには見られず、アラート発報が想定より遅れる可能性があります。

　ログ監視については13.2節「ログの管理」で構成例やポイントを記載します。

AWS費用の監視

　「知らないうちに想定外の費用がかかっていた」とならないように、AWS

Column

グローバルなイベントに注意!?

　Amazon S3やIAMは、リージョンではなくグローバルなイベントになる可能性があります（IAMのイベントはコンソールのURLによります）。グローバルイベントは、CloudWatch Logsへ連携されるまでに通常より時間がかかります。ブルートフォースアタック（総当たり攻撃）を検知するためにConsoleLoginイベントを監視するなどグローバルイベントを検知する場合は、検知にかかる時間を考慮するようにしてください。

にかかる費用の監視を設定しましょう。AWSアカウントにかかる月次費用の予算を作成し、その値に対して以下の3パターンで設定した費用に達した際にメールで通知します。なお、設定に必要な権限は3.3節の「AWSの見積り」の項を参照してください。

> ▸ **実際の支出が85%に達したとき**
> ▸ **実際の支出が100%に達したとき**
> ▸ **予測される支出が100%に達すると想定されるとき**

　期間や予算の範囲、アラートの閾値などを調整したい場合は、予算の設定を「カスタマイズ（アドバンスト）」とします（**図13.1.1**）。

▸**図13.1.1**　予算の設定

　たとえば月100USD(月約1万円)を予算として、実際の金額が100USDを超えた際に送信されるメールを**図13.1.2**に示します。

　こういった通知を契機に停止し忘れたEC2インスタンスや削除し忘れた各種リソースに気付き、無駄なコストを発生させずにすみます。

　また、AWSアカウントを新規作成し最初にサインインしてから1年間は、無料の利用枠が各サービスで用意されています。[請求設定]からアドレスを指定しチェックを入れるだけで、無料枠を超えないようにアラートを設定できますので、ぜひ設定しておきましょう(**図13.1.3**)。

▶**図13.1.2**　アラートメール例

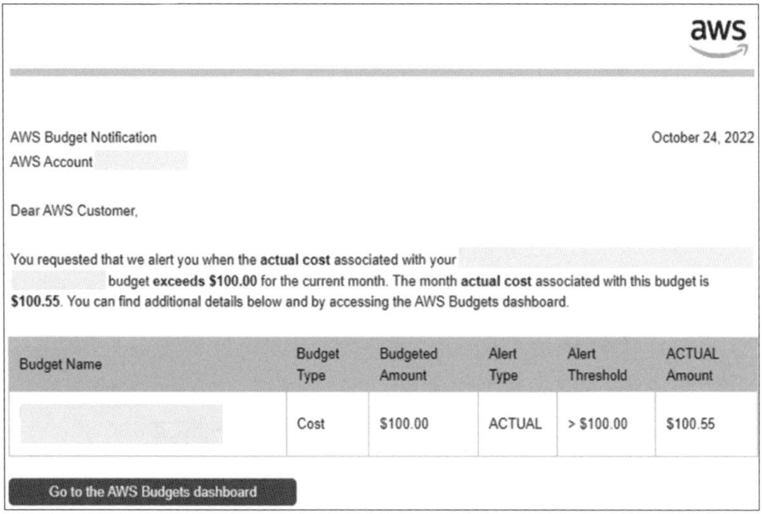

▶**図13.1.3**　無料利用枠のアラート

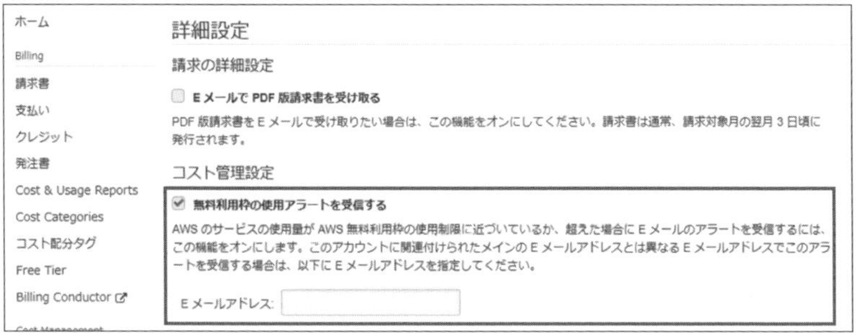

通知と復旧

　CloudWatchでは、モニタリングとデータの可視化を行います。異常を検知および検知した異常をメールやSlackなどへ通知する、という設定の追加も可能です。またある程度の頻度で発生する異常な事象があるようなら、自動復旧を組み込むとよいでしょう。自動復旧はトリガとなるイベントや状態を決め、実行する操作を定義して実現します。

Amazon SNSを利用してアラートを通知する

　Amazon SNSは、アプリケーション対アプリケーション間、アプリケーション対「個人」間の両方の通信を実現する、フルマネージド型のメッセージングサービスです。CloudWatchでアラームを設定し、Amazon SNSを介してメールやSlackなどへ通知もできます。ただし、そのままだと通知が英語で送られてくるために、肝心の内容がわかりにくいデメリットがあります。

　図13.1.4では10:35から19:45の間に4回にわたって、設定しているアラームが閾値(1.0)より大きく(1.0や2.0)なったことをSlackへ通知しています。

　この「わかりにくさ」を解消するにはAmazon SNSからAWS Lambda(以下、Lambda)を指定し、Lambda内で文章を整形、Slackへ通知するしくみを実装します(**図13.1.5**)。

❶CloudWatch Logsのログを監視し、特定の条件でアラームを発報する

❷Amazon SNSを介してLambdaへアラームの発報を伝える

▶ **図13.1.4**　Lambdaを介さずに直接Amazon SNSからSlackへアラートを送った場合の見え方

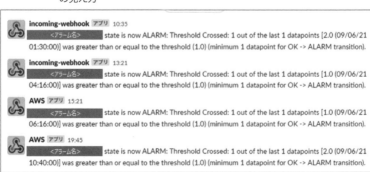

▶図13.1.5　Lambdaを介してSlackへアラートを送った場合の構成

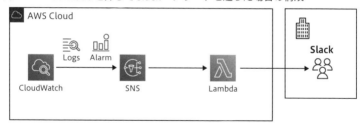

❸CloudWatch Logsを検索し、トリガとなったログを抽出、Slack用に整形して指定のSlackチャンネルに投稿する

たとえばAWSにログインしたIAMユーザーの通知をSlackへ行う場合を考えます。以下のLambdaコードのようにCloudWatch Logsへ連携されているCloudTrailのサインインイベントログからユーザー名を取り出し、textとして通知内容を定義します（コード例はPythonのものです）。

```python
import boto3
import json
import logging
import os
import base64
import gzip

from urllib.request import Request, urlopen
from urllib.error import URLError, HTTPError

HOOK_URL = os.environ['IncomingWebhookUrl']
SLACK_CHANNEL = os.environ['SlackChannel']

logger = logging.getLogger()
logger.setLevel(logging.INFO)

def lambda_handler(event, context):

    # CloudWatchLogsからのデータはbase64エンコードされているのでデコード
    decoded_data = base64.b64decode(event['awslogs']['data'])

    # バイナリに圧縮されているため展開
    json_data = json.loads(gzip.decompress(decoded_data))

    # CloudWatch Logsに複合化&解凍したログを出力
    logger.info("Event: " + json.dumps(json_data))
```

```
message = json_data['logEvents'][0]['message']

# CloudWatch Logsにmessageの内容のみをログを出力
logger.info("Message: " + str(message))

json_message = json.loads(message)
login_name = json_message['userIdentity']['userName']

# Slackへのメッセージを作成
slack_message = {
    'channel': SLACK_CHANNEL,
    'text': "%s さんがAWSへログインしました！" % (login_name)
}

req = Request(HOOK_URL, json.dumps(slack_message).encode('utf-8'))
try:
    response = urlopen(req)
    response.read()
    logger.info("Message posted to %s", slack_message['channel'])
except HTTPError as e:
    logger.error("Request failed: %d %s", e.code, e.reason)
except URLError as e:
    logger.error("Server connection failed: %s", e.reason)
```

　コードの39行目に記載されている「text」がSlackへ通知されます（**図13.1.6**）。

　アラートを契機にCloudWatch Logsからデータを取得して、必要な部分をフィルタリングするのは効率的ではありません。より細かい設定をしたい場合は、サードパーティ製の監視ソフトウェア導入を検討しましょう。その場合は、CloudWatch Logsへ送信されるログデータをサーバから直接監視サーバへ送信

▶ **図13.1.6**　Lambdaで整形した内容をSlackへ連携した例

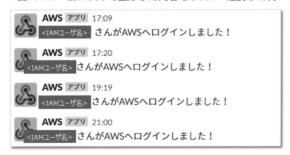

します。CloudWatchとEventBridge、Amazon SNS、LambdaとAWSのマネージドサービスを組み合わせて実装するより、サードパーティ製の監視ソフトウェアで実装したほうが検知するタイミングや文字列を細かく設定できます。

13.2

ログの管理

　システムが正常に稼働していることを確認したり、障害が発生した原因を特定したりするには、各種ログの監視や収集・保管が重要です。本節ではAWS環境でログを収集する方法や、つまずきやすいポイントの設計と構築例を紹介します。

EC2インスタンスのログ収集

　13.1節「監視の種類」の「ログ監視」の項に記載のとおり、EC2インスタンスやオンプレミスのサーバで出力されるログをCloudWatch Logsへ連携するにはCloudWatchエージェントを導入します（選択するAMIによってはすでにインストール済みのものもあります）。

ログ収集に必要なポリシー

　加えてCloudWatch側へ送信できるようにするには、CloudWatchエージェントがCloudWatchメトリクスを書き込む権限が必要です。以下のIAMポリシーを含むIAMロールを作成し、EC2インスタンスに関連付けます。

- ▶ CloudWatchAgentAdminPolicy

　CloudWatchの設定はパラメータストアに保存し、複数のサーバで共有できます（またはバックアップ用途で使用してもかまいません）。パラメータストアを利用する場合は、以下のポリシーを含むIAMロールを作成します。

- ▶ CloudWatchAgentServerPolicy

CloudWatchエージェントのインストール

Amazon Linux 2系の場合は、標準リポジトリの中にCloudWatchエージェ ントがあり、yumコマンドで簡単にインストールできます。インストール に使用するコマンドは以下のとおりです。

```
$ sudo yum install amazon-cloudwatch-agent
```

Amazon Linux 2系ではない場合は、OSのアーキテクチャやプラットフォ ームごとに用意されているダウンロードリンクを指定し、wgetコマンドを 実行してパッケージを取得します。

パッケージの取得後、パッケージの種類に応じてコマンドを実行してイ ンストールを行いましょう。例としてOSがUbuntuでARM64アーキテクチ ャの場合のパッケージの取得とインストールを以下に示します。

パッケージの取得
```
$ wget https://s3.amazonaws.com/amazoncloudwatch-agent/ubuntu/arm64
/latest/amazon-cloudwatch-agent.deb
```

インストール
```
$ sudo dpkg -i -E ./amazon-cloudwatch-agent.deb
```

実際のコマンドや指定すべきダウンロードリンクは、「参考」の「コマンド ラインを使用してCloudWatchエージェントをダウンロードおよび設定する」 からご確認ください。

> **参考:「コマンドラインを使用してCloudWatchエージェントをダウンロードおよび設定する」**
> https://docs.aws.amazon.com/ja_jp/AmazonCloudWatch/latest/monitoring/
> download-cloudwatch-agent-commandline.html

CloudWatchエージェントをインストールしたら、以下のコマンドで CloudWatchエージェント設定用のウィザードを起動します。

Linuxの場合
```
$ sudo /opt/aws/amazon-cloudwatch-agent/bin/amazon-cloudwatch-agent
-config-wizard
```

CloudWatchエージェントの設定と起動

Linux、Windows問わず、CloudWatchエージェント設定ウィザードを起動 したあとは、表示される質問に回答して設定を行います。例としてLinux

でログ収集に関わる質問を以下に記載します。

▶ **Do you want to monitor any log files?**
  ▶ ログ監視をするかどうか
  ▶ 続いて「Log file path:」に転送対象となるログのパスを記載する
  ▶ さらに「Log group name:」にロググループの名前を、「Log stream name:」に任意の名前を入力する

▶ **Do you want to specify any additional log files to monitor?**
  ▶ ほかに監視するログファイルはあるか
  ▶ 転送対象としたいすべてのログを設定し終えたら、noを選んで次に進む

ウィザードの設定完了後、以下のパスに設定ファイルが作成されます。

Linuxの場合
```
/opt/aws/amazon-cloudwatch-agent/bin/config.json
```

Windowsの場合
```
C:\Program Files\Amazon\AmazonCloudWatchAgent\config.json
```

保存した設定を反映してCloudWatchエージェントを起動するには、「参考」の「コマンドラインを使用してCloudWatchエージェントを起動する」に記載されたコマンドを実行します。設定を反映せずにCloudWatchエージェントを起動すると、デフォルトの設定で起動しますのでご注意ください。

起動後はstatusコマンドを使用し、CloudWatchエージェントのステータスが「running」となっているか確認するとよいでしょう。

また設定ウィザード実行後に設定を変更したい場合は、以下のファイルを手動で変更します。

設定ファイルのパス（Linuxの場合）
```
/opt/aws/amazon-cloudwatch-agent/etc/amazon-cloudwatch-agent.json
```

設定ファイルのパス（Windowsの場合）
```
$Env:ProgramData\Amazon\AmazonCloudWatchAgent\amazon-cloudwatch-agent.json
```

詳細は「参考」の「CloudWatchエージェント設定ファイルを手動で作成または編集する」をご確認ください。

参考：「コマンドラインを使用してCloudWatchエージェントを起動する」 https://docs.aws.amazon.com/ja_jp/AmazonCloudWatch/latest/monitoring/install-CloudWatch-Agent-commandline-fleet.html

「CloudWatchエージェント設定ファイルを手動で作成または編集する」 https://docs.
aws.amazon.com/ja_jp/AmazonCloudWatch/latest/monitoring/CloudWatch-
Agent-Configuration-File-Details.html

CloudWatchエージェント関連でのハマりポイント

CloudWatchエージェントを導入後、うまくCloudWatchエージェントのサービスが起動しない場合や、CloudWatch側でメトリクスやログの受信を確認できない場合は、CloudWatchエージェントのログファイルを確認し、問題箇所を特定してください。よくあるEC2インスタンス側の問題と対応策は以下のとおりです。

▶ **EC2インスタンスがプライベートサブネットにある**
  - ▶ CloudWatchのエンドポイントはインターネット側にある。プライベートサブネット上に存在するインスタンスからCloudWatchにログを転送したい場合は、VPCエンドポイントを経由して通信が行えるように設定する

▶ **IAMロールの関連付け漏れ**
  - ▶ CloudWatchへ書き込む権限を持つIAMロールの関連付けを行う

▶ **CollectDをインストールしていないためにCloudWatchエージェントが起動しない**
  - ▶ 設定ウィザードを再実行し、「Do you want to monitor metrics from CollectD?」で「no」にするか、CollectDをインストールするか、「/usr/share/collectd/types.db」に空のファイルを作成して回避する

ログファイルのパス（Linuxの場合）
```
/opt/aws/amazon-cloudwatch-agent/logs/amazon-cloudwatch-agent.log
```

ログファイルのパス（Windowsの場合）
```
c:\ProgramData\Amazon\CloudWatchAgent\Logs\amazon-cloudwatch-agent.log
```

マネージドサービスのログ収集

マネージドサービスのログは、CloudWatch Logsへ集約しそこで監視するか、集約したあとにサードパーティの監視ツールへ転送し監視するか、どちらかの構成を取ります。CloudWatch Logsで監視する場合は、メトリクスフィルタまたはサブスクリプションフィルタを設定します。設定数の上限やフィルタパターンの制約を気にせず柔軟に監視を設定したい場合は、サードパーティの監視ツールで監視するようにしましょう。

Lambda

　LambdaからCloudWatch Logsへログを出力するためには、以下のポリシーを含んだIAMロールをLambda関数に付与しましょう。Lambda関数作成時に付与されるデフォルトのロールには、以下のポリシーが含まれています。

▶ **AWSLambdaBasicExecutionRole**

▶ **AWSLambdaVPCAccessExecutionRole**

　Lambdaのログは「/aws/lambda/<Lambda関数名>」のロググループ名で保存され、Lambdaの実行結果やコード中にログ出力させている部分を確認できます。

Amazon API Gateway

　API GatewayからCloudWatch Logsへログを出力するためには、以下の設定が必要です。

▶ **CloudWatchにログを出力するためのポリシー（AmazonAPIGatewayPushToCloudWatchLogs）を含んだIAMロールをAPI Gatewayに割り当てる**

▶ **「CloudWatchログを有効化」にチェックを入れる**

　API Gatewayのログは、REST APIの場合に「API-Gateway-Execution-Logs_<API ID>/<ステージ名>」、WebSocket APIの場合に「/aws/apigateway/<API ID>/<ステージ名>」のロググループ名で実行ログとアクセスログが保存されます。リクエストやレスポンスの内容を把握したい場合は、［リクエスト／レスポンスをすべてログ］も有効化しておきましょう。

　またアクセスログは［ログ］タブ内の［アクセスログの作成の有効化］にチェックを入れることで有効化ができますが、実行ログとは違ってログを出力する先のロググループを指定したり、ログの形式を設定したりする必要があります。出力内容の指定は、API Gatewayアクセスログ用の$context変数を用いて行います。使用できる$context変数は、「参考」の「API Gatewayマッピングテンプレートとアクセスのログ記録の変数リファレンス」の「データモデル、オーソライザー、マッピングテンプレート、およびCloudWatchアクセスログ記録用の$context変数」を参照してください。

参考：「API Gateway マッピングテンプレートとアクセスのログ記録の変数リファレンス」
https://docs.aws.amazon.com/ja_jp/apigateway/latest/developerguide/
api-gateway-mapping-template-reference.html#context-variable-reference

Amazon RDS

MySQL を DB エンジンとしている Amazon RDS や Amazon Aurora、Aurora Serverless v2 から CloudWatch Logs にログを出力するためには、[ログのエクスポート]項目で出力したいログにチェックを入れます。

MySQL で一般ログとスロークエリログを出力したい場合、パラメータグループ内の「log_output」の値を「FILE」にする点に注意してください。「log_output」が「TABLE」であると、MySQL のテーブルにログが出力されてしまい、CloudWatch には送信されません。

なお Aurora Serverless v1 では[ログのエクスポート]項目自体が存在しません。Aurora Serverless v1 ではエラーログは標準で CloudWatch に出力されるようになっていますが、監査ログ、一般ログ、スロークエリログはパラメータグループで以下のパラメータの値を 1（有効化する）に変更して CloudWatch に出力させます。

- ▶ server_audit_logging
- ▶ server_audit_logs_upload
- ▶ general_log
- ▶ slow_query_log

「server_audit_logging」で監査ログの出力の有効化、「server_audit_logs_upload」で監査ログの CloudWatch 送信を有効化できます。「general_log」では一般ログの、「slow_query_log」ではスロークエリログの出力と送信を有効化します。

また DB エンジンが PostgreSQL でも、[ログのエクスポート]項目でログの出力を有効化できます。PostgreSQL の場合は監査ログやスロークエリログといった種別に分けられておらず、すべて PostgreSQL ログに収まります。なお EC2 の場合と同様、通常データベースはプライベートなサブネットに配置されているため、VPC エンドポイントを経由してログを CloudWatch へ送信できるようにしましょう。

Amazon VPC

VPC内のトラフィック情報をCloudWatch Logsへ出力するためには、以下の設定が必要です。なおVPCフローログはAmazon S3やKinesis Data Firehoseへも出力できます。

- ▶ 出力先のCloudWatchロググループを作成
- ▶ CloudWatch Logsへのフローログ発行のためのIAMロールを作成
- ▶ CloudWatch Logsにフローログを発行するIAMプリンシパルのアクセス許可
- ▶ VPCでフローログを作成

詳細は「参考」の「CloudWatch Logsへのフローログの発行」ご確認ください。

参考:「CloudWatch Logsへのフローログの発行」 https://docs.aws.amazon.com/ja_jp/vpc/latest/userguide/flow-logs-cwl.html

フローログは、VPC以外にもサブネットやENIで取得できます。また取得するだけで終わらせず、最終的にAmazon S3へ保存してAmazon Athenaで可視化するようにしましょう。

CloudTrail

CloudTrailはAWSアカウント作成時で自動的に有効化され、発生した90日分のイベント履歴を閲覧できます。記録される情報は以下の3種類です。

- ▶ データイベント
  - ▶ AWSリソースやリソース内で実行されるイベント
- ▶ 管理イベント
  - ▶ AWSアカウントのリソースで実行されるイベント
  - ▶ AWSサービスのAPIコール
  - ▶ AWSサービスイベント
  - ▶ マネジメントコンソールサインインイベント
- ▶ インサイトイベント
  - ▶ AWSアカウントで検出された異常なアクティビティ

CloudTrailへ出力される各サービスの内容は、「参考」の「CloudTrailがサポートされているサービスと統合」に記載されています。またすべてのAWSサービスがCloudTrailへログを出力するわけではないため、詳細は

「CloudTrailのサポートされていないサービス」でご確認ください。

参考：「**CloudTrailがサポートされているサービスと統合**」 https://docs.aws.amazon.com/
ja_jp/awscloudtrail/latest/userguide/cloudtrail-aws-service-specific-
topics.html

「**CloudTrailのサポートされていないサービス**」 https://docs.aws.amazon.com/ja_jp/
awscloudtrail/latest/userguide/cloudtrail-unsupported-aws-services.html

　CloudTrailをCloudWatch Logsへ出力するには「証跡」を作成（または既存の証跡設定変更）し、CloudWatch Logsオプションで有効にするだけです。

　証跡を作成するとAmazon S3にもイベントを保存します。CloudWatch Logsでログ監視を実装するためにも、CloudWatch Logsへの出力を有効にするとよいでしょう。ただし**CloudTrailからCloudWatch Logsのロググループへのイベント連携は平均で15分以内**と時間がかかります。検知やアクションが実行されるまでの時間に注意して監視設計をしましょう。

ログの保管

　集約や監視のためにCloudWatch Logsへ出力したログはAmazon S3へ定期的に連携し、システムの基本設計などで決められたログの保管ポリシーに従って必要な日数を保存します。また前述のとおりログをAmazon S3へ保存するだけではなく、いつでも見られる状態にするためにAmazon Athenaを導入しましょう。ElasticsearchとKibanaでログを管理・可視化するマネージドサービス「SIEM on Amazon ES」を利用するのもよいでしょう。

ログ保管期間の目安

　ログの保管期間を一律で決めると不要なログが大量に保存され、必要なときの検索・確認に時間がかかるだけではなく、保存場所・容量にかかる費用が増大します。

　ログの保存期間の参考になる法令やガイドラインを**表13.2.1**に示します。一般的にはPCI DSSやNISCを参考に1年、不正アクセス禁止法を参考に3年、内部統制を参考に5年など、サービスを提供する企業のポリシーやサービス独自のポリシーとして設定されることが多いようです。

▶ 表13.2.1　保存期間の参考になる法令やガイドライン

保存期間	参考になる法令やガイドラインなど
1ヵ月間	刑事訴訟法 第百九十七条 3「通信履歴の電磁的記録のうち必要なものを特定し、三十日を超えない期間を定めて、これを消去しないよう、書面で求めることができる。」
3ヵ月間	サイバー犯罪に関する条約 第十六条 2「必要な期間（九十日を限度とする。）、当該コンピュータ・データの完全性を保全し及び維持することを当該者に義務付けるため、必要な立法その他の措置をとる。」
1年間	PCI DSS監査証跡の履歴を少なくとも1年間保持する。少なくとも3ヵ月はすぐに分析できる状態にしておく
	NISC「平成23年度政府機関における情報システムのログ取得・管理の在り方の検討に係る調査報告書」政府機関においてログは1年間以上保存
	SANS「Successful SIEM and Log Management Strategies for Audit and Compliance」1年間のイベントを保持することができれば、おおむねコンプライアンス規制に適合する
18ヵ月間	欧州連合(EU)のデータ保護指令
3年間	不正アクセス禁止法違反の時効
	脅迫罪の時効
5年間	内部統制関連文書、有価証券報告書とその付属文書の保存期間
	電子計算機損壊等業務妨害罪の時効
7年間	電子計算機使用詐欺罪の時効
	詐欺罪の時効
	窃盗罪の時効
10年間	「不当利得返還請求」等民法上の請求権期限、および総勘定元帳の保管期限

13.3

既存の監視システムとCloudWatchの連携

　AWSのようなクラウドは、すぐに利用を開始できることや従量課金でコストを抑えられることがメリットです。しかしその反面、監視においては細かいチューニングができないことやAWSの仕様で通知に時間がかかる場合もあることがデメリットとなり得ます。リリース後の運用負荷を低減させるためには監視ソフトウェアやSaaSの監視サービスの導入を検討するとよいでしょう。本節では日本での導入実績が多数あるOSSの統合監視ソフトウェア「Zabbix」を例に、ハイブリッド構成（オンプレミスとクラウド両方

にシステムがある）の実装方式やSaaSの監視サービスを利用した構成例を記載します。

Zabbixによる統合監視

すでにオンプレミス環境に監視を含めたシステムがあり、AWS上へシステムの一部を移行するプロジェクトを想定し、監視システムの構成例を**図13.3.1**に示します。

オンプレミス環境とクラウド環境はプライベートなネットワークとなるよう、AWS Direct ConnectやAWS VPNのサービスを利用して接続します。またZabbixサーバのないクラウド側はZabbixプロキシを置き、クラウド側の監視対象を集約しています。

Zabbixのようにクライアント─サーバ型の監視システムの場合、Zabbixプロキシでクラウド側の通信をまとめる構成にすると以下のメリットがあります。

- ▶ 別ネットワーク・プラットフォームの監視対象を集約でき、柔軟に監視対象を増減できる
- ▶ 別ネットワーク・プラットフォームがある場合にZabbixサーバと通信するのはZabbixプロキシサーバのみのため、通信経路をセキュアに保ちやすい
- ▶ 通信障害（Zabbixサーバと監視結果の同期ができないなど）が発生した場合も一定期間の監視結果をZabbixプロキシに保存できる

オンプレミスの物理環境に加え、仮想環境、クラウド環境と複数のプラ

▶ **図13.3.1** オンプレミス環境とクラウドをZabbixで監視する

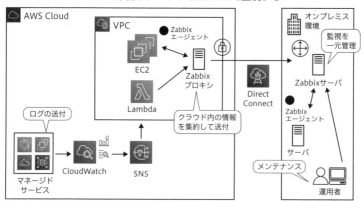

ットフォームを監視する場合、監視の結果を集約し、サーバやネットワーク障害が発生してもある程度許容できる設計としましょう。

SaaSの監視サービスによる統合監視

監視サーバの可用性を高めるために、SaaSの監視サービスを利用してもよいでしょう。AWSのマネージドサービスなどはCloudWatchのメトリックストリーム機能を用いると、送信元クラウド側からデータをpushするため時間差がなく、クラウドの費用もpull型と比べて安くなります（**図13.3.2**）。

代表的なクラウドの監視サービスは以下のとおりです。要件に合うか、監視対象を網羅できない場合の対策はどうするかなど、あとから問題が発生しないように事前にしっかりと検討しましょう。

- ▶ **Mackerel**[注1]
  - ▶「株式会社はてな」が提供しているサーバ管理・監視ツール
  - ▶ クラウドやコンテナなど多様なインフラ環境を一元管理
- ▶ **Datadog**[注2]
  - ▶ インフラからアプリケーションまであらゆる環境を監視
  - ▶ 日本語のマニュアルやネットの情報も多い
- ▶ **New Relic**[注3]
  - ▶ アプリケーションのパフォーマンス監視に優れている
  - ▶ 日本語の情報が少なめ

注1　https://ja.mackerel.io/
注2　https://www.datadoghq.com/ja/
注3　https://newrelic.com/jp

▶ **図13.3.2** CloudWatchメトリクスストリームの利用

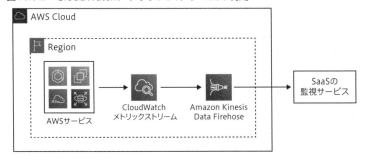

第 **14** 章

構築・運用の自動化

ミスや漏れを防ぎ、スピードや効率を上げるには、構築や運用で「自動化」を組み込みます。AWSでは自動化を支援するサービスがあり、ボタンポチである程度の非機能（バックアップやログ出力など）を実装した環境を構築できます。ユースケースを理解し、目的に沿った自動化ツールを選定するようにしましょう。

14.1

自動化のメリットとデメリット

　情報技術を活用して人々の生活やビジネスモデル、あるいはサービスをより良い方向へ変革する、デジタルトランスフォーメーション（DX：*Digital Transformation*）の考え方が近年広まっています。その中でも特に注目されているのが、AI（*Artificial Intelligence*：人工知能）やRPA（*Robotic Process Automation*：ロボティックプロセスオートメーション）を用いた日常業務の自動化です。

　ITの世界では構築やテスト・運用の自動化にたくさんのツールが開発・使用されてきており、AWSの中でも自動化を支援する機能やサービスが用意されています。みなさんの中には「自動化」をプロジェクトの目標に掲げていたり、会社からの指示でやらざるを得なかったりする方もいらっしゃるかもしれません。自動化を使いこなせばとても便利ですし、同じ構成を何度も構築する場合は工数の削減も期待できます。

自動化導入のメリット

　自動化を導入するメリットは主に以下の3点です。

- ▶ **業務の効率化**
  - ▶ 設計箇所が少なく実際に構築にかかる時間が短縮されるため、それ以外の必要な業務に集中できる
- ▶ **対応の平準化**
  - ▶ AWSサービスやしくみに詳しくなくても作業できるため、ヒューマンエラーを低減でき、工数を削減できる
- ▶ **設定のわかりやすさ**
  - ▶ 設定項目をどの状態にするのかをコードで記載するため、理解がしやすい

　またクラウドのプロジェクトが増えGUI上でボタンを押下する作業が多くなったエンジニアにとって、コードからAWSサービスを構築していく工程は達成感を得やすく、かつ今後のキャリア形成に役立つでしょう。

自動化導入のデメリット

次に自動化を導入するデメリットを見てみましょう。

- ▶ **学習コストが高い**
  - ▶ 自動化を支援するツールの理解、コードの書き方、実際に書いたコードでの検証など、できる状態になるまでに時間がかかる
- ▶ **ツール依存による知識の低下**
  - ▶ できあがった自動化のコードは誰でも実行できるのがメリットだが、逆にいえば作成に関わった人以外は簡単な操作になるため、使うだけの人の知識はなかなか深まらない
- ▶ **問題究明やメンテナンスの難しさ**
  - ▶ うまくいかないときの対応はAWSサービスのみならず権限やOSなど幅広い知識を求められることが多く、対応できる人が限られる
  - ▶ 既存のコード修正や新しいコード追加をする際にも対応できる人が限られる

次節からAWSリソースの構築や管理をYAML(*YAML Ain't Markup Language*)やJSONで行えるサービスとしてAWS CloudFormation(以下、CloudFormation)と、CloudFormtionを含め、アプリケーションのコードを適切に管理するしくみを提供するCodeシリーズを紹介します。

14.2

AWSで構築の自動化を推進するサービス

CloudFormationとは

AWSリソースをIaC(*Infrastructure as Code*)でデプロイするサービスとして最もメジャーなものがCloudFormationです。CloudFormationはAWSリソースの状態をコードで表してデプロイ、修正していくだけではなく、更新の差分を見える化したり、誰かが手動で変更してしまった設定を検出したりできる強力なツールです。

しかし一方で、そのしくみを理解していないとリソースをすべて削除・上書きしてしまうミスも起こり得る、扱いに注意が必要なツールでもあり

ます。そのため本節では実際のコードよりもCloudFormationのしくみに焦点を当てて解説します。

CloudFormationでAWSリソースを構築する流れを**図14.2.1**に示します。事前に対象のAWSリソースの状態をコードで記載し、GUIまたはCLIでデプロイします。

❶テンプレートを作成または更新する

❷Amazon S3にテンプレートを保存する(GUIで行うと自動で保存される)

❸CloudFormationを利用し、保存したテンプレートからAWSリソースを作成・変更・削除を行う

CloudFormationではYAMLやJSONで記述した設定ファイル(テンプレート)から、Amazon EC2(以下、EC2)やAmazon S3などほとんどのAWSリソースを簡単に作成・変更・削除できます。1つのテンプレートに必要なAWSリソースを記述したり、機能やAWSサービスごとに分けて記述し、メンテナンスしやすくしたりもできます。

CloudFormationでは1つのテンプレートで構築される単位を「スタック」と呼びます。そのスタックで作成されるAWSリソースの所有者や権限を設定し、よりセキュアにCloudFormationの運用を行うことがベストプラクティスとされています。

CloudFormationを含め、構築の自動化を推進するAWSサービスを3つ紹介します。

▶ **AWS CloudFormation**

AWSサービスを自動構築するといってまず候補に上がるのがCloudFormation。CloudFormationではAWSサービス自体を自由に設計・構築できる分、インフラの知識や実際に手動で構築した経験などが必要となる場合が多い。また自動化の対

▶**図14.2.1** CloudFormationのしくみ

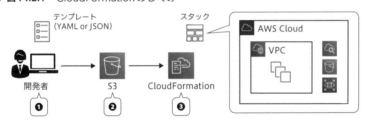

象がAWSサービスのため、EC2インスタンスのOSレイヤ以上を自動構築したい場合、AWS OpsWorks（以下、OpsWorks）やAnsibleなど別の構成管理ツールを使用する

▶ **AWS Elastic Beanstalk**

作成したアプリケーションをすぐに試したい方にお勧めなのがAWS Elastic Beanstalk（以下、Elastic Beanstalk）。EC2のAMIやデータの保存先など細かいインフラの部分を考慮せずとも、Webアプリケーションの実行環境を作成できる。また環境作成後も容量のプロビジョニング・負荷分散・Auto Scalingが自動化されており、アプリケーションの開発に集中して取り組める

▶ **AWS OpsWorks**

以前からChefやPuppetでインフラ環境を自動構築していた方にお勧めなのがOpsWorks。AWSサービス部分はCloudFormationで作成し、OSレイヤ以上をChefやPuppetを使用して設定やデプロイ、管理を自動化する使い方ができる

　この3種類のAWSサービスにおける構築・管理対象のAWSリソースを**表14.2.1**に示します。

　Elastic Beanstalkはインフラストラクチャを意識せずにアプリケーション開発ができるサービスです。本書は主にインフラの設計・運用について解説するので、Elastic Beanstalkの説明は割愛します。

　以前から使用しているChefやPuppetをAWSでも使いたい場合は、Opsworksを利用しましょう。作成・管理するリソースの範囲がOpsworksの対象に収まるようであれば、デプロイやスケーリングも簡単に実装できます。新しくAWSでインフラ環境をIaCで実装したい場合は、ほぼすべてのAWSリソースを作成できるCloudFormationがお勧めです。以降はCloudFormationについて詳しく紹介します。

▶ **表14.2.1**　構築・管理対象のAWSリソース

AWSサービス名	管理対象	費用
AWS CloudFormation	ほぼすべてのAWSリソース	作成されたAWSリソースの費用のみ
AWS Elastic Beanstalk	コードの実行に必要な一部のAWSリソース	作成されたAWSリソースの費用のみ
AWS Opsworks	EC2インスタンス、EBSボリューム、Elastic IP、CloudWatchメトリクスなどの限られたAWSリソースとOS以上	作成されたAWSリソースの費用のみ。オンプレミスの場合はサーバ1台あたり0.02USD/時間

CloudFormationのライフサイクル

　CloudFormationはYAMLかJSONで記載したテンプレートでAWSリソースを作成し、記載したテンプレートを更新すれば環境の変更もCloudFormationで行えます。なお、手動で作成したリソースを後からCloudFormationのスタックに取り込むこともできます。

　以下にライフサイクルごとにポイントや注意点を記載します。

CloudFormationのテンプレートを準備する

　公式の「テンプレートリファレンス」[注1]を参考にテンプレートを作成します。ハイライト機能を持ったエディタだとわかりやすく、ミスもしにくいため、Microsoft社が無料で提供しているテキストエディタであるVisual Studio Codeや、GitHubが開発した無料のテキストエディタであるAtomなどを利用してください。

　テンプレートを準備する際の注意点は次のとおりです。

▶ **YAMLやJSONの記法に準拠する**
準拠していない場合はフォーマットエラーとなり、スタックを作成できない。コードの作成に慣れていない場合は、使用するテンプレート（YAMLかJSON）でどんなルールがあるのかを事前に確認する

▶ **テンプレートに含める単位**
1つのテンプレートに環境すべてのリソースを記載してもかまわないが、プログラムのソースと同様、特定の単位で分けたほうがメンテナンス性は向上する。また依存関係のあるAWSリソースが1つのテンプレートに含まれる場合には工夫が必要。依存関係を考慮したうえで、AWSリソースごとにテンプレートを分割するとよい

▶ **ハードコーディングを避ける**
CloudFormationではスタックの作成時にパラメータを指定できる。またCloudFormationで作成したリソースの、特定の値を指定してリソースを作成できる（EC2作成時のVPC IDやセキュリティグループなど）ため、可能な限りハードコーディングを避けて記載する

　筆者は公式のテンプレートを見て、以下の点を重点的に確認しています。

▶ **パラメータが必須か**
必須のパラメータを指定しないとスタックの作成に失敗する

注1　https://docs.aws.amazon.com/ja_jp/AWSCloudFormation/latest/UserGuide/template-reference.html

▶ **指定しない場合のデフォルト値は何になるか**
状態をコードで表すIaCでは、記載しない場合のデフォルト値がコードからは見えなくなるので注意する

▶ **戻り値（*Return values*）の種類と内容**
たとえばEC2インスタンスを作成するリソース「AWS::EC2::Instance」では、論理名のRef（後述の「組込み関数」にて説明）値にインスタンスID (i-XXXXXX)が格納される

▶ **記載例**
ブログなどを参考にしつつ、「どう書くべきか」は公式サイトを踏襲する

CloudFormationの利用自体に費用は発生しませんが、作成されるリソースには費用が発生します。まずは作成されても料金の発生しないサービスから挑戦し、EC2インスタンスなど費用が発生するAWSリソースへ広げていくとよいかもしれません。

CloudFormationでスタックを作成する

記載したテンプレートをもとにCloudFormationのスタックを作成します。AWS CLIでも作成できますが、CloudFormation管理画面のCloudFormationデザイナーを使用すると、検証でのエラーメッセージをもとにフォーマットエラーなどを修正できるためお勧めです（**図14.2.2**）。ただしリソースタ

▶ **図14.2.2** CloudFormationデザイナー

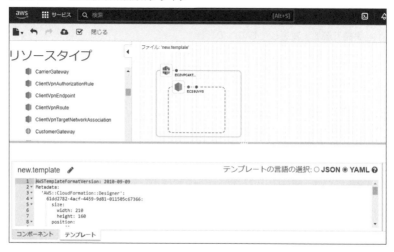

イプが探しにくく、依存関係などもわかりにくいため、基本的には作業PC
で作成したテンプレートを貼り付けて「検証」を使用するだけにしましょう。

スタックを作成する際の注意点は以下のとおりです。

▶ **IAM権限の付与**
スタックの実行時には作成するAWSに対する権限が必要。スタック自体に作成す
るAWSリソースへの権限を付けるか、そのAWSリソースを作成できる権限を持つ
ユーザーから実行する

▶ **作成されるリソースのタグ**
CloudFormationで作成されるリソースには、CloudFormationの情報(スタック名や
スタックID、論理ID)がタグに付与される。わかりやすい名前を付けるようにする

既存のスタックを変更する

自動化のテンプレートを更新する際は、その更新が想定外の設定の変更
をしないよう十分気を付けなければいけません。CloudFormationでは実際
に環境を変更する前に、作成されたテンプレートで更新すると既存の環境
にどんな変更が加えられるかを「変更セット」機能で確認できます。上書き
となる「更新」ではなく、必ず「変更セット」を作成してスタックを更新しま
しょう。

スタックを更新する際の注意点は以下のとおりです。

▶ **CloudFormationでの更新範囲**
CloudFormationで作成したものだけがCloudFormationで更新・削除できる(す
でにあるリソースをスタックへインポートすれば、CloudFormationで更新できる)

▶ **手動で追加・変更したものへの影響**
CloudFormationでは実環境の変更を一部のリソースでは検知しない。検知できる
リソースは「参考」の「インポートおよびドリフト検出オペレーションをサポートす
るリソース」を参照のこと。また変更を検知するには「ドリフトの検出」を行う。ス
タックの変更前にドリフト検出を行うとよい

▶ **スタックポリシーの設定**
許可された人が許可された環境のみ更新できるようにポリシーを設定し、ヒューマ
ンエラーを防ぐ

参考：「インポートおよびドリフト検出オペレーションをサポートするリソース」 https://docs.
aws.amazon.com/ja_jp/AWSCloudFormation/latest/UserGuide/resource-
import-supported-resources.html

スタックを削除する

スタック自体を削除すると**記載されているAWSリソースも削除**されます。誤って削除されないよう、設定可能なAWSリソースには削除保護のパラメータを有効にしておくのが一般的です。

スタックを削除する際の注意点は以下のとおりです。

▶ **依存関係がある場合、スタックの削除順に注意する**

たとえばスタックAで作成するVPCのVPC IDをエクスポートし、EC2を作成するスタックBでその値を参照している場合、スタックAはスタックBより先に削除できない

▶ **S3上にはスタックの履歴が残る**

スタックは削除後も「削除済み」ステータスで参照できる。必要に応じてS3上のテンプレートを削除する

CloudFormationテンプレートの便利な書き方

「CloudFormationのテンプレートを準備する」に記載したとおり、ハードコーディングを避けるためにより汎用的なテンプレートを作成しましょう。CloudFormationでは、汎用的かつフレキシブルな使い方ができる便利な書き方があります。

Parameters

スタックを作成するときに値を指定できます。たとえば環境ごとに値を変更してテンプレートを使いまわしたい、見やすくメンテナンスしやすいテンプレートにしたい、パスワードや個人名などをテンプレートに残したくないなどの場合に利用します。プロパティではデータ型を指定したり、入力文字を制限したりします（**表14.2.2**）。

Parametersで指定したものは同じテンプレート内で組込み関数「Ref」を使い、参照できます。ほかのスタックで使用する際は、次の「Outputs」を使います。

Outputs

指定した値をほかのスタックで使用できます。たとえばVPCやサブネット・セキュリティグループなどのネットワーク系リソースはEC2やAmazon

▶表14.2.2　CloudFormationのParametersで使用できるプロパティ

プロパティ	内容	指定できる値
Type	データ型	String、Number、List、…
Default	デフォルト値	任意の値
NoEcho	入力時に*****となる(パスワードなどに使用する)	
AllowedValues	入力可能値のリスト	例:"red"、"yellow"、"blue"
AllowPattern	正規表現で入力可能なパターンを指定	例:[a-zA-Z]
MaxLength	最大文字数	半角数字
MinLength	最小文字数	半角数字
MaxValue	最大値	半角数字
MinValue	最小値	半角数字
Description	プロパティの説明	任意の文字列
ConstraintDescription	プロパティが何かしらの制約で入力できない際に表示する説明	任意の文字列(どんな制約があるのかを表示するとよい)

RDS作成時に指定が必須のため、あらかじめOutputsで出力しておくと手入力でのミスがなくなります。出力したOutputsを使用するときは、ImportValueと記述します。

組込み関数

　テンプレート内の論理名から物理名を参照する「Ref」「Sub」、リソースが持つ属性値を取得する「GetAtt」もよく使用します(**表14.2.3**)。また、リージョン名(AWS::Region)やAWSアカウントID(AWS::AccountId)などは擬似パラメータとして"Ref"で参照して、AWSアカウントの違いを吸収した汎用的なテンプレートを作成できます。そのほかにも条件ベースでの制御を可能とする「Conditions」、リージョンやユーザー入力パラメータで値を変える「Mappings」があります。いずれもテンプレートリファレンスを見て使い方をマスターしていきましょう。

▶ 表14.2.3　CloudFormationの組込み関数

組込み関数名	内容
Fn::Base64	「!Base64」と短縮可。EC2インスタンスにUserDataプロパティ経由でエンコードされたデータを渡す際に使用する
Fn::Cidr	「!Cidr」と短縮可。もとになるCIDRアドレス（例：192.168.0.0/24）、サブネットビット（ホストアドレス範囲のビット数）、ネットワークアドレスの個数を指定し、CIDRアドレスブロックを配列として取得する
条件関数	Fn::If、Fn::Equalsなどの条件関数を使用できる。環境ごとにEBSサイズを変更する、名前を変更するなどで使用する
Fn::FindInMap	「!FindInMap」と短縮可。Mappingセクションで宣言された2階層の条件を指定して値を参照できる
Fn::GetAtt	「!GetAtt」と短縮可。特定のリソースの属性を指定し、得られる戻り値は各リソースのドキュメントを参照する。スタック内で作成したAWSリソースのARNを別のAWSリソース作成で指定したい際などに使用する
Fn::GetAZs	「!GetAZs」と短縮可。指定したアベイラビリティゾーンのリストをアルファベット順に配列で返す
Fn::ImportValue	「!ImportValue」と短縮可。別のスタックで出力された値を返す。ネットワークの情報、セキュリティグループ、IAMロールなどAWSリソースを作成する際に参照する可能性のあるものは、Outputsセクションでエクスポートしておくとほかのスタックから使用できるので便利。ただしほかのスタックから参照されているスタックは削除できないので注意する
Fn::Join	「!Join」と短縮可。文字列を連結する。主に組込み関数「Ref」などと組み合わせて使用する
Fn::Select	「!Select」と短縮可。リストオブジェクトから指定のインデックスを指定して取得する
Fn::Split	「!Split」と短縮可。区切り文字を指定し、文字列を分割する
Fn::Sub	「!Sub」と短縮可。スタックを作成・更新するまで使用できない値を参照する際などに使用する
Fn::Transform	「!Transform」と短縮可。マクロを指定し、カスタムの処理を実行する
Ref	Parametersで指定した値やリソースの値を返す。最も使用頻度の高い組込み関数

14.3

AWSで考えるCI/CD

CI/CDとは

　CI（継続的インテグレーション）/CD（継続的デリバリ）は、ソフトウェア開発をより効率的に・安全に・すばやく行うための概念です。コードの修

正・追加からテスト、環境へのデプロイを可能な限り自動で流れるようにします（**図14.3.1**）。

CI/CDの大まかな流れは以下のとおりです。

❶**開発者は自分のPC上でコーディング、テストを実施する**

❷**開発者はバージョン管理リポジトリへソースコードをアップロードする**

❸**CI/CDツールでソースコードのチェックやテストを行い、環境へデプロイする**

❹**結果や承認依頼は都度、メールやチャットなどで開発者や管理者へ通知する**

複数の開発者がソースコードを修正する場合、常に最新の状態から変更し、デグレーションさせないことが重要です。バージョン管理リポジトリには「いつ」「誰が」「どのファイルを」（「どんな理由で変更したのか」はコミット時のコメントで対応）の履歴を追え、問題があれば特定の時点まで戻せる機能があります。AWSサービスではAWS CodeCommit（以下、CodeCommit）、外部サービスではGitHubやGitLabがバージョン管理製品として有名です。

CI/CDツールはバージョン管理リポジトリのサービスとして使用できるものもあれば、AWSのようにAWS CodeBuild（以下、CodeBuild）、AWS CodeDeploy（以下、CodeDeploy）など別サービスで実装するものもあります。必要に応じて、変更したソースコードからアプリケーションやイメージをビルドし、そのビルドしたイメージを環境へデプロイ、デプロイした環境でテストするなど、実装する内容は多種多様です。コードの一元管理はもちろんのこと、管理者の承認や自動テスト、脆弱性診断、環境へのデプロイ、デプロイ結果の通知などを組織やシステムの要件に合わせて実装

▶ **図14.3.1** CI/CDの流れ

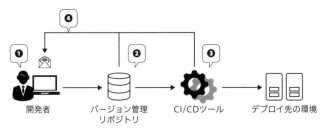

するとよいでしょう。

アプリケーションのソースコードをバージョン管理しているプロジェクトでも、インフラ領域になるとコードの管理にCI/CDのしくみを実装していない状況も多いです。AWSリソースのデプロイやOS構築にCloudFormationやTerraform、Ansibleなどを利用している場合は、CI/CDのしくみを実装してコードを適切に管理していきましょう。

CodePipelineでできること

AWSサービスでバージョン管理リポジトリ（CodeCommit）、ビルド（CodeBuild）、デプロイ（CodeDeploy）をつなぎ合わせ、一連のアクションを自動化するのがAWS CodePipeline（以下、CodePipeline）です。

CodePipelineは論理ユニットであるステージで構成されます（**図14.3.2**）。各ステージでは、アーティファクト——ソースコードや構築されたアプリケーション、定義ファイル、テンプレートなどのこと——と呼ばれるデータの集合に対するアクションを設定します。アーティファクトとは「人工物」や「加工品」という意味です。各ステージで加工された生成物をAmazon S3やAmazon ECRなどに格納することで、ほかのステージの入力として利用できます。

各ステージでは、ビルドやテストなどのアクションタイプに対して利用できるAWSサービス（アクションプロバイダー）が紐付けられています。た

▶**図14.3.2** CodePipelineの構成

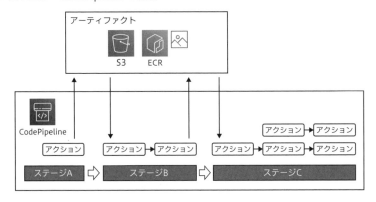

とえばAmazon ECS（以下、ECS）上のコンテナアプリケーションに対する
CI/CD実装で、アクションタイプとアクションプロバイダーの構成例を以
下に示します。

- ▶ ステージA
  - ▶ アクションタイプ：CodeCommit
  - ▶ 内容：開発者がCodeCommitへソースコードを更新する（テストコード含む）
- ▶ ステージB
  - ▶ アクションタイプ：ビルド
  - ▶ アクションプロバイダー：CodeBuild
  - ▶ 内容：buildspec.ymlへビルドとテストのコードを記載、実施したテストをレポート出力
- ▶ ステージC
  - ▶ アクションタイプ：承認
  - ▶ 内容：管理者が出力したレポートを確認し、デプロイを許可する
- ▶ ステージD
  - ▶ アクションタイプ：デプロイ
  - ▶ アクションプロバイダー：CodeDeploy
  - ▶ 内容：ECS上にコンテナをBlue/Greenデプロイする

アクションタイプとアクションプロバイダーの一覧を**表14.3.1**に示します。
　表14.3.1のように、AWSサービスはアクションタイプに紐付けられてい
ますが、特にCodeBuildやCloudFormation、Lambdaでは自由に中身を実装
できるため、使い方はユーザーのニーズに応じて無限にあります。複数の
実装方式を選択し、実際に環境を構築したうえで利用を検討するとよいで
しょう。

コンテナアプリケーションのCI/CD構成例

Codeシリーズを活用したECSへのCI/CD実装

　図14.3.3は、ソースをCodeCommit、ビルドとテストをCodeBuild、デ
プロイをCodeDeployとして構成した例です。デプロイ先はECSで、Blue/
Greenにしておくと本番環境での切り戻しも楽になります。
　CodePipelineはいろいろな組み方ができる一方、構成によっては依存す
るAWSリソースが多く、設定が煩雑です。まずは公式のチュートリアルを
実施し、実現したい構成に必要となる設定や考慮事項を洗い出すとよいで

▶ **表14.3.1** アクションタイプとアクションプロバイダー

アクションタイプ	有効なアクションプロバイダー
ソース	Amazon S3
	Amazon ECR
	AWS CodeCommit
	CodeStarSourceConnection（Bitbucket、GitHub、GitHub Enterprise Server アクションの場合）
ビルド	AWS CodeBuild
	カスタム CloudBees
	カスタム Jenkins
	カスタム TeamCity
テスト	AWS CodeBuild
	AWS Device Farm
	カスタム BlazeMeter
	サードパーティ Ghost Inspector
	カスタム Jenkins
	サードパーティ Micro Focus StormRunner Load
	サードパーティ Runscope
デプロイ	AWS S3
	AWS CloudFormation、AWS CloudFormation StackSets
	AWS CodeDeploy
	Amazon ECS
	Amazon ECS（Blue/Green）（これはCodeDeployToECS アクション）
	Elastic Beanstalk
	AWS AppConfig
	AWS OpsWorks
	AWS Service Catalog
	Amazon Alexa
	カスタム XebiaLabs
承認	手動
呼び出し	AWS Lambda
	Snyk
	AWS Step Functions

▶図**14.3.3** Codeシリーズの構成例

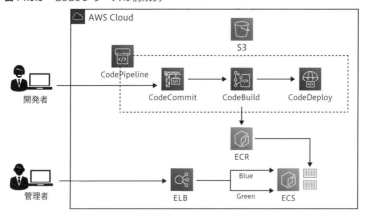

しょう。上記の構成の詳細な設定手順は「参考」の「チュートリアル：Amazon ECRソース、ECS-CodeDeploy間のデプロイでパイプラインを作成する」でご確認ください。

> **参考：**「チュートリアル：Amazon ECRソース、ECS-CodeDeploy間のデプロイでパイプラインを作成する」 https://docs.aws.amazon.com/ja_jp/codepipeline/latest/userguide/tutorials-ecs-ecr-codedeploy.html

Lambda関数URL機能を利用したLambda関数のCI/CD実装

バージョン管理リポジトリとしてCodeCommitではなく、GitHubを利用したい場合もあるでしょう。GitHubの更新をWebhookとしてCodeBuildで受け取り、パイプラインを実行できますが、ここでは2022年4月に機能が追加された、Lambda関数に対して直接URL指定できる「Lambda関数URL」を紹介します。

また2022年8月には、EventBridgeのクイックスタートでGitHubやStripe、Twilioとのイベント連携が簡単に作成できるようになり、ソースコードをGitHubで管理している場合でもCI/CDを実装しやすくなりました。なお、Lambda関数をCI/CDする際にLambda関数URLの使用が必須というわけではありません。Lambda関数URLを使用せず、GitHubをCodeCommitへミラーする機能を使って、CodePipelineを開始してもよいでしょう。

図14.3.4は、コンテナアプリケーションではなく、Lambda関数をCI/

▶**図14.3.4** Lambda関数URLを利用した構成例

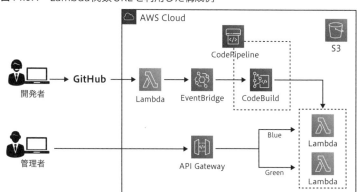

CDで管理する構成例です。

　Lambda関数をWebコンソール上で修正せずに自動テスト・自動デプロイを組み込むと、複数人で開発する際にデグレーションを気にすることなくスピードを上げられます。本書では紹介していませんが、Amazon CodeGuruでの脆弱性検出やコードレビューの自動化、Amazon Inspectorでの脆弱性検出なども組み込むと、よりセキュアにLambda関数の開発を進めていけるでしょう。

第 **4** 部

AWSへの移行設計編

第 **15** 章

オンプレミスからの移行

システムやサービスの一部をクラウドに移行する際には、クラウド特有の環境や制約に焦点を当て入念に検証を行います。特に移行後に正常と判断するためにはどのような試験を行なえばよいのかを明確にしましょう、クラウドへ移行する際に気にするべきポイントをおさえ、無理のない移行計画を立てることが重要です。

15.1

クラウドリフト・クラウドシフトという考え方

なぜクラウドに移行するのか

今までクラウドの利用に消極的だった多くの企業も、コロナ禍の影響を受け、重い腰を上げてデジタル活用を急いで進めています。「令和3年版情報通信白書」[注1] によると、日本国内では7割の企業がクラウドを利用しているといいます。ここでいうクラウドにはSaaSサービス、たとえばGoogle社が提供するGmailやGoogleドライブ、Microsoft社が提供するMicrosoft 365なども含まれています。しかしオンプレミス環境のシステムをクラウドに移行する流れが多くの企業で一般化しているのも事実です。

またデジタルトランスフォーメーションの推進が課題とされている企業では、市場ニーズの変化にすばやく対応し、ビジネスチャンスを逃さないためにも、クラウドでのサービス提供や、提供するサービスの設計・構築・運用のできるクラウドエンジニアの育成が急務となっています。

クラウドリフト&シフト

オンプレミス環境をクラウドへ移行する手法として「クラウドリフト」と「クラウドシフト」があります。

「クラウドリフト」では可能な限り**オンプレミス環境をそのままクラウドへ移行**させることを目標とします。一方「クラウドシフト」ではコンテナやサーバレスといった最新技術を活用し、**クラウドネイティブなアプリケーションとして開発**しなおします。クラウドリフトの最終目標は「シフト」です。最初からクラウドシフトするよりも費用や期間はかかりますが、既存の運用手法を活かせることや学習コストを抑えエンジニアを育成できることがクラウドリフトのメリットです。

ただしクラウドリフトでは基本的に古いシステムをそのままクラウドへ移行するため、OSやミドルウェア、アプリケーションのEOS(*End of Sale*：

注1　https://www.soumu.go.jp/johotsusintokei/whitepaper/ja/r03/pdf/index.html

サービスの提供終了）やEOLに伴う検証や移行作業が随時発生します。

　クラウドのメリットであるすばやいサービスの展開や費用削減を享受するために、クラウドのマネージドサービスをうまく活用し、オンプレミス環境をクラウドシフトしていきましょう。

クラウドリフトの流れ

　オンプレミスからクラウドリフトする流れは**図15.1.1**のとおりです。

　全体に関わる事柄の整理をしたあとに、サーバの整理、ネットワークの整理、運用に関わることの整理を同時に進めて行きます。これらはお互いに影響し合う項目です。その後、順次構築・試験、移行リハーサル、移行と進めて行きます。図に記載している番号の順に説明します。

▶**図15.1.1**　クラウドリフトの流れ

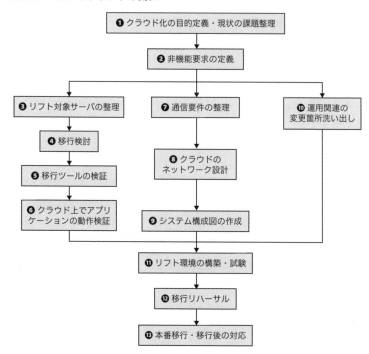

❶クラウド化の目的の定義・現状の課題整理

まずはクラウド化の目的を明確にし、「いつまでに」「何を」「どんな状態にするか」を定義します。その際に現状のインフラ課題を洗い出し、対応する優先順位や将来像も整理しましょう。

- ▶ **優先順位や将来像例**
  - ▶ コストを削減したい
  - ▶ インフラシステムの最適化をしたい
  - ▶ 将来的にシステムを拡張したい・縮小したい

❷非機能要求の定義

非機能要求グレード(2.1節「インフラストラクチャの設計」の「非機能要求グレードの活用」の項を参照)に従って、対応レベル・内容を定義します。現行システムですでに定義がされている場合でもクラウドに合わせて見なおし、精査をします。移行するデータ量や移行スケジュール、システムを停止できる時間、間隔、期間など、移行方式を早い段階で明示し、プロジェクト内で認識を合わせることが大事です。

❸リフト対象サーバの整理

前工程をインプットとして、リフト対象のサーバの整理・選定を行います。また算出したクラウド利用料をプロジェクト内で共有し、予算感のずれを発生させないようにしましょう。

❹移行検討

「非機能要求の定義」で決めた「システムを停止できる時間、間隔、期間」をもとに、オンプレミスからクラウドへの移行に使用する回線の種類(Direct Connect、VPN、インターネットなど)や移行方式(コピー、AWS SMSや AWS Snowball の利用)を検討します。詳細は15.2節「仮想マシンの移行」、15.3節「データベースの移行」、15.4節「大量データの移行」を参照ください。

❺移行ツールの検証

仮想マシンをクラウドにリフトするツールの設定や動作検証は、移行対象の検討段階から並行して進めます。移行元仮想マシンのディスクの状態

や、回線速度と転送にかかる時間、リフト後の確認事項などを明確にします。以下はリフト後の確認事項例です。

- ▶ **移行時に設定する値**
  - ▶ インスタンス名、インスタンスタイプなどの設定値に誤りがないか
  - ▶ OSが認識しているCPUやメモリなどのリソースがインスタンスタイプと差異がないか
  - ▶ ネットワーク情報が想定どおりか

- ▶ **移行元環境と移行先環境で差異のある箇所**
  - ▶ 環境へのログイン方法
  - ▶ DNSやNTPなどの設定、名前解決や同期ができているか
  - ▶ ディスク容量（クラウド利用に際してディスク使用量が変化するため）
  - ▶ 外部システムやインターネットとの接続確認

- ▶ **運用に関わる変更点**
  - ▶ 移行したサーバを適切に監視できているか
  - ▶ 移行したサーバのログがクラウド上（AWSだとAmazon CloudWatch Logs（以下、CloudWatch Logs））で確認できるか
  - ▶ バックアップを取得し、その取得したバックアップで戻せるか

- ▶ **アプリケーションやジョブ**
  - ▶ ミドルウェアやアプリケーションが正常に起動するか（単体テスト相当）
  - ▶ ミドルウェアやアプリケーションの起動停止ができるか
  - ▶ 結合テスト相当、システムテスト相当の動作確認で異常がないか
  - ▶ バッチ処理が正常に行えるか

❻クラウド上でアプリケーションの動作検証

現行システムと同じOSやパッケージバージョンでも、アプリケーションの動作確認は必須です。現行システムと異なるOSやパッケージバージョンにすると、上位のアプリケーションの仕様を変更するケースがあるため、単純な動作確認だけではなく、結合／システムテストレベルで確認するとよいでしょう。

また性能要件の高い社内システムをオンプレミスからクラウド環境へ移行すると、ネットワーク状況によっては遅延が発生し、性能目標を達成できなくなる可能性があります。こういった観点でも検証を進めるとよいでしょう。

❼通信要件の整理

　移行対象システムの通信要件を整理します。特にオンプレミスや外部システムとのつなぎ方は帯域と費用に直結するため、プロトコルや通信容量・頻度を確認しましょう。またオンプレミスではファイアウォール機器や各サーバで実装していた通信制限が、AWSではNetwork FirewallやネットワークACL、セキュリティグループといったクラウドのサービスに変わります。どこでどのように制御するかはクラウドサービスの使い方で変わってくるので注意が必要です。

❽クラウドのネットワーク設計

　AWSではサブネットごとに予約され、ユーザーが使用できないIPアドレスがあります（4.1節「AWSのネットワーク構成要素」の「VPCとサブネット」の項を参照）。またマネージドサービスで多数のIPアドレスを使用するものがあり、オンプレミスのサブネットの考えではIPアドレスが枯渇する可能性があります。オンプレミスのネットワークの再現にこだわらず、クラウドの特性に合わせたネットワーク設計を心がけましょう。

❾システム構成図の作成

　ここまで検討してきた内容を踏まえてAWSシステム構成図を作成します。オンプレミスでの論理構成図と同等の位置付けで、ネットワークの情報や移行先サーバの情報が一目でわかる図です。

❿運用関連の変更箇所洗い出し

　バックアップや監視、ログ収集、セキュリティ更新など、現行システムで行っている運用をクラウド上でどう実装するか検討します。オンプレミスで不可欠なバックアップやログ管理、監視サーバは、導入している製品がクラウドで利用できるものであればそのままリフトしてもかまいません。しかし、単純なリフトにこだわらずに、AWS BackupやAmazon CloudWatch（以下、CloudWatch）などのクラウドの機能を利用すると費用削減につながります。

❶リフト環境の構築・試験

今までの設計に従って実際に環境を構築します。環境が複数ある場合は IaC（*Infrastructure as Code*）を意識し、検証を十分にしたうえで CloudFormation や、Ansible、Terraform などの自動構築ツールを利用するとよいでしょう。構築後は移行ツール検証時に洗い出した確認観点を中心に、単体テストや結合テスト、システムテストを行います。

❷移行リハーサル

本番の移行を想定し、作成した移行手順をもとにリハーサルを行います。移行リハーサルで判明した問題を解消・回避するために手順を修正する、新たに検証するなどフィードバックを必ず行い、本番移行に備えます。

❸本番移行・移行後の対応

移行リハーサルで精査した手順書を用いて移行します。テストは移行リハーサル時に実施したものから本番用に抜粋し、問題がなければ移行完了です。移行後は監視設定の調整やクラウド利用料の確認を行います。また本番移行時に使用したサーバやサービス、移行データは残したままにせず、時期を見て削除するようにしましょう。

クラウドシフトで必要となるタスク

次にクラウドシフトをするにあたって、クラウドリフトで記載した項目以外で必要となるタスクを見てみましょう。クラウドシフトでは仮想サーバの台数を必要最低限とし、サーバレスアーキテクチャを活用してインフラ基盤のコンテナ化やアプリケーションのマイクロサービス化を行います。

シフト対象サービスの選別

既存システムのどの部分を切り出してクラウドサービスを利用するのか選択肢を洗い出し、費用や工数、学習コストなどを加味して検討します。オンプレミスやクラウドリフトの構成をクラウドネイティブな構成に置き換える際には、ある程度パターンがあります。

- ▶ Web アプリケーションのフロントエンドを Amazon CloudFront ＋ Amazon S3、バックエンドを API Gateway ＋ AWS Lambda (以下、Lambda) ＋ Amazon DynamoDB (以下、DynamoDB)で実装
- ▶ データベースを Aurora Serverless v2 や DynamoDB に変更
- ▶ ジョブ管理サーバを AWS Step Functions (以下、Step Functions)、バッチ処理を AWS Batch や Lambda に置き換え

　幸い AWS は公式の構成図やチュートリアル、先人がブログで残している情報が多くあります。自分のやりたいしくみをどんな AWS サービスの組み合わせで実現しているのか、そこにどんなメリットやデメリットがあるのか、ほかにどんな方法があるのかの情報収集をするとよいでしょう。

マイクロサービスに合ったアプリケーションの改修

　CI/CD も視野に入れ、ディレクトリやソースの構成を必要に応じて変更します。アプリケーションを実行する環境とコードを分離する、システムを疎結合にするなど高可用性、高性能なクラウドの恩恵を受けられる構成としましょう。インフラエンジニアとアプリケーション開発エンジニアが密に連携して、構成や運用方法を決めていくことが大切です。

サーバレスなインフラ基盤の検討

　コンテナやマネージドサービスを活用するのはもちろんのこと、IaC を取り入れ、CloudFormation や Ansible、Terraform などで自動構築したり、AWS Systems Manager の運用自動化を組み込んだりします。

15.2

仮想マシンの移行

オンプレミスのサーバをAWSに移行する

オンプレミス環境の物理サーバをAWSに移行する手段として、エージェント方式の移行サービスであるAWS Application Migration Service（以下AWS MGN）の利用が挙げられます。

AWS MGNを利用すると、オンプレミス環境の物理サーバと仮想マシンの双方を同じやり方で移行できます。なおサポートされている移行元環境は、物理サーバやVMware vSphere、Microsoft Hyper-V、およびそのほかのクラウドプロバイダです。

AWS MGNのしくみ

AWS MGNでオンプレミス環境からAWSへ仮想マシンを移行する流れは、**図15.2.1**のとおりです。

▶ **移行元サーバごとにインストールされたAWS MGNエージェントから、AWS MGNレプリケーションサーバを介してAmazon EBS（以下、EBS）へデータが保存される**

▶ **継続的なレプリケーションで移行元サーバとEBSが同期される**

▶**図15.2.1** AWS MGNのしくみ

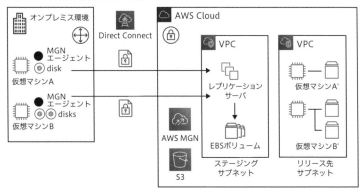

265

▶ 起動テンプレートによりレプリケーションサーバとは別サブネット(推奨)へ
EC2インスタンスを起動し、テストする

オンプレミス環境とAWSとのネットワークはインターネット経由でもか
まいませんが、Direct ConnectやVPNを経由し、AWSとプライベートに接
続してセキュアに安定した帯域で移行させるとよいでしょう。

通信要件は**表15.2.1**のとおりです。なおレプリケーションサーバを配置
するサブネットは、Amazon S3にアクセスできるのであればパブリックサ
ブネット、プライベートサブネットどちらでも使用できます。

AWS MGNの注意点

AWS MGNを利用する際は以下の点に注意してください。

▶ **レプリケーションの明示的な停止**
　▶ レプリケーションはユーザーが手動で停止する必要がある
▶ **AWS MGNの費用**
　▶ 移行したいサーバ1台につき、最初の90日間はレプリケーション料金が発生し
ない
　▶ そのあとはレプリケーションしているサーバ1台につき、1時間当たり0.042USD
(最大30USD/月)の費用が発生する

費用の観点から90日で移行や移行後の確認が完了するようにスケジュー
ルを組みましょう。

AWS MGN以外のAWS移行サービス

AWSへの移行サービスではほかにAWS Server Migration Service(以下、
SMS)やVM Import、CloudEndure Migrationがあります。

以前はこの3つのサービスを移行元の形態や要件に合わせて使い分ける

▶ **表15.2.1** AWS MGNの通信要件

Source	Destination	Protocol/Port	主な用途
移行元サーバ	レプリケーションサーバ	TCP/443	エージェントのインストールなど
ステージングサブネット	リージョンのApplication Migration Service	TCP/443	レプリケーションソフトウェアのダウンロード、レプリケーションステータスの表示など
移行元サーバ	ステージングサブネット	TCP/1500	レプリケーションデータの転送

のが一般的でしたが、AWSでは2021年5月にAWS MGNが登場してから
AWS MGNの利用を推奨しています。このうちCloudEndure Migrationは
AWS MGNの前身ともいえるサービスであり、AWS MGNが登場したこと
で2022年12月30日にサービスが終了しました。

AWS SMSやVM Importは、以下の場合に利用を検討します。

- **移行対象のサーバが仮想マシンのみ**
- **移行対象のOSがAWS MGNに対応していない**
  - AWS MGNではMicrosoft Windows XPや7、Vistaには対応していない
- **エージェントレスで移行したい**

基本はAWS MGNを利用し、移行元環境の状況や移行要件によってはAWS
SMSやVM Importによる移行を検討するとよいでしょう。

15.3

データベースの移行

同じサーバの移行でも、データベースサーバはEC2インスタンスなどの
仮想マシンサービスへクラウドリフトせず、Amazon RDS（以下、RDS）や
Amazon DocumentDBなどのデータベースのマネージドサービスへリフト
します。

データベース移行のステップ

一般的な移行の流れを**図15.3.1**に示します。

- **移行設計**
  移行全体に関わる計画をする。またその計画に必要な情報を得るために方式検討、検証を適宜行う。アプリケーションの修正が必要であれば対応する
- **移行テスト**
  単体テスト、結合テスト、システムテストを行う。実施した手順やテスト結果から、本番環境を想定した切り替えの計画をする
- **移行リハーサル**
  検証環境などを使い、実際に本番環境で使用する手順を用いて移行・切り替えのリハーサルを行う。数回実施し、手順のミスや考慮漏れがないようにする

▶図15.3.1　データベース移行の流れ

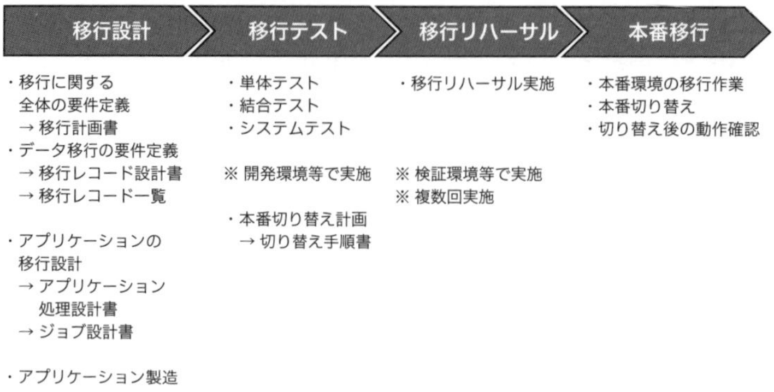

移行設計	移行テスト	移行リハーサル	本番移行
・移行に関する 　全体の要件定義 　→ 移行計画書 ・データ移行の要件定義 　→ 移行レコード設計書 　→ 移行レコード一覧 ・アプリケーションの 　移行設計 　→ アプリケーション 　　処理設計書 　→ ジョブ設計書 ・アプリケーション製造	・単体テスト ・結合テスト ・システムテスト ※ 開発環境等で実施 ・本番切り替え計画 　→ 切り替え手順書	・移行リハーサル実施 ※ 検証環境等で実施 ※ 複数回実施	・本番環境の移行作業 ・本番切り替え ・切り替え後の動作確認

▶ **本番移行**

　サービスを停止して、本番環境の移行・切り替えを行う

　上記は一例ですが、移行計画書を作成する段階で、どのフェーズで何を明確にするのかは忘れずに定義するようにしましょう。

RDSへのデータ移行方法

　データベースの移行には、同じデータベースエンジンに移行する場合(たとえばOracleからOracle)と、異なるデータベースエンジンに移行する場合(たとえばOracleからPostgreSQL)の2種類があります。

▶ **移行元と移行先が同一データベースエンジンの場合の移行方法**
　▶ そのデータベース標準のツールやコマンドを使う

▶ **異なるデータベースエンジンの場合の移行方法**
　▶ 移行元データベースでレコードをCSV形式などに変換し、変換したデータを移行先データベースでロードする

　そのほか、Oracle GoldenGate や AWS DMS(Database Migration Service)などの移行ツールを利用すると、サービス停止期間を短くし、安全にデータを移行できます。

　AWSへデータベースを移行する際の方式検討例を**表15.3.1**に示します。移行にかかる時間はデータ量にも依存するため、データ量が少ない場合やサービス停止時間を十分に確保できる場合は、移行ツールを利用せず手動

▶ 表15.3.1　移行の方式検討例

移行元と移行先の データベースエンジン	レプリケーション 可否	移行方式例
同じ	できる	レプリケーション、AWS DMS
	できない	データベース標準のツールやコマンド、AWS DMS
異なる	—	CSV形式などへの変換(移行元)とロード(移行先)、 AWS DMS

で移行し費用を削減してもよいでしょう。いずれの方法でも実際に検証して、移行にかかる時間を見積もることから始めてください。

オンプレミスのOracleからRDSのPostgreSQLへデータベースを移行する

データベースエンジンが移行元と移行先で異なる場合、使用できるデータ型やデータベース関数、オブジェクト名の文字数や記号など、多くの機能で差異があります。その差異が起因となり、データを移行先のデータベースへ正常にインポートできてもアプリケーションが動作しない可能性があります。

そのため異なるデータベースエンジン間での移行では、まずデータベース間の機能差異や非互換機能の調査をします。非互換の部分は、名前の異なる似た機能へ自動的に置き換えが行われることがあります。変換されたあとに正常に動作するのかを入念に確認し、自動で変換する機能を決めていきます。こうして移行検証、アプリケーション動作検証などを行ったうえで移行方式を決めることが一般的です。

非互換機能の調査にはオープンソースのOra2pgが使えます。Ora2pgは移行元のOracleに接続し、各オブジェクトの移行性や難易度をレポートで表示します。またこのOra2pgを使用して移行先のPostgreSQLに接続し、移行作業も行えます(**図15.3.2**)。

Ora2pgでは、Oracleのオブジェクト単位でPostgreSQLのDDL形式にコンバートし、OracleのDBデータをPostgreSQLのINSERT文として出力します。出力されたDDLをPostgreSQL上で実行してオブジェクトを作成していきます。その後、データもINSERTすれば移行が完了します。

HTMLに出力したマイグレーションレポート例を**図15.3.3**に示します。このレポートでは移行対象のオブジェクトが変換できるかどうか、移行に

▶**図15.3.2** Ora2pgの機能

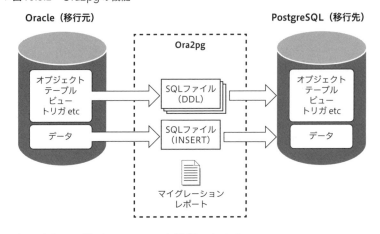

はどのくらい日数がかかるのかを確認できます。

オンプレミスのOracleからRDSのOracleへデータベースを移行する

データベースエンジンが移行元と移行先で同じOracleの場合、オンプレミスでは一般的に以下の2種類の方式から要件に合う方を選択します。

▶ **移行元データベースでデータをダンプファイルにエクスポートし、そのダンプファイルを移行先データベースへインポートする**

▶ **移行元でRMANバックアップを取得し、移行先データベースでRECOVERコマンドを実行してリストアする**

また移行先がクラウドとなると、以下の2種類の方式も選択肢に加わります。

▶ **Oracle GoldenGate を使用して移行元と移行先を同期する**

▶ **AWS DMS を利用する**

残念ながら2番目のRMANバックアップからリカバリする方法は、RDSではサポートされていません。またOracle GoldenGateは、異機種（異OS、異データベース、異バージョン）間での柔軟なデータ連携やリアルタイムデータ転送などたいへん便利なツールですが、ライセンス費用が高額なため、AWS DMSを検討するケースが多いでしょう。

なおAWS DMSではオンプレミスとクラウドをインターネットあるいは

▶ **図15.3.3** Ora2pgマイグレーションレポートの例

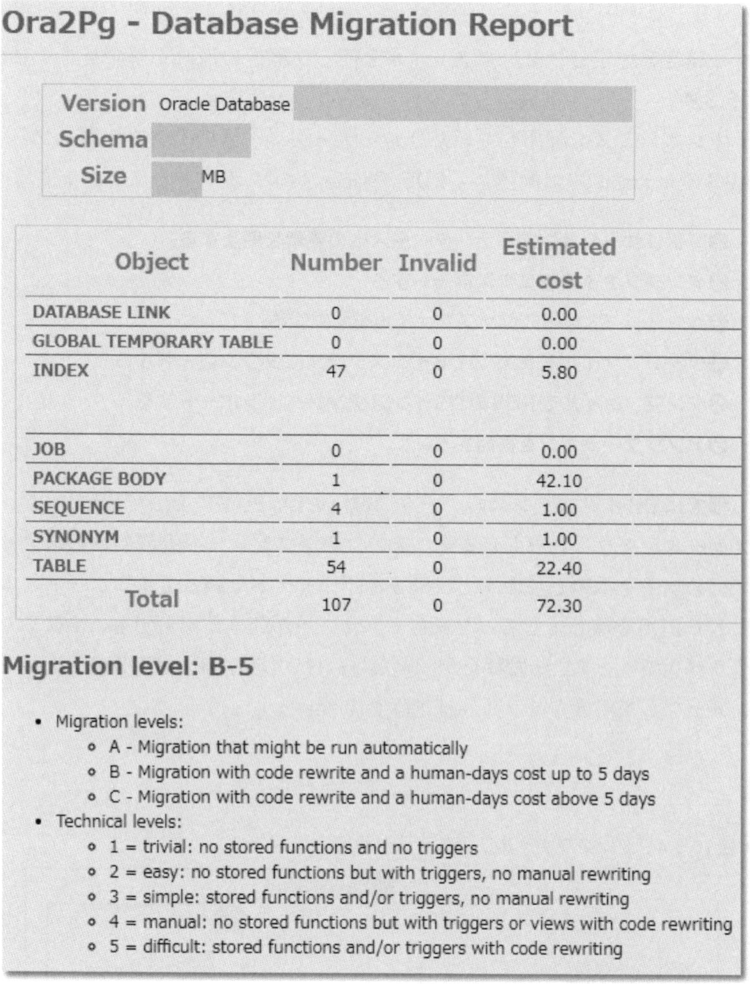

Ora2Pg - Database Migration Report

Version Oracle Database	
Schema	
Size	MB

Object	Number	Invalid	Estimated cost
DATABASE LINK	0	0	0.00
GLOBAL TEMPORARY TABLE	0	0	0.00
INDEX	47	0	5.80
JOB	0	0	0.00
PACKAGE BODY	1	0	42.10
SEQUENCE	4	0	1.00
SYNONYM	1	0	1.00
TABLE	54	0	22.40
Total	107	0	72.30

Migration level: B-5

- Migration levels:
  - A - Migration that might be run automatically
  - B - Migration with code rewrite and a human-days cost up to 5 days
  - C - Migration with code rewrite and a human-days cost above 5 days
- Technical levels:
  - 1 = trivial: no stored functions and no triggers
  - 2 = easy: no stored functions but with triggers, no manual rewriting
  - 3 = simple: stored functions and/or triggers, no manual rewriting
  - 4 = manual: no stored functions but with triggers or views with code rewriting
  - 5 = difficult: stored functions and/or triggers with code rewriting

専用線（Direct Connectなど）で接続し、移行元と移行先のデータベースを指定すれば自動的にレプリケーションを開始します。詳細は以下のユーザーガイドを参照してください。

参考：「AWS Database Migration Serviceのベストプラクティス」 https://docs.aws.
amazon.com/ja_jp/dms/latest/userguide/CHAP_BestPractices.html

上記のAWS DMSの資料は、本書で説明が不要なほど詳細に記載されています。そのためここからは許容されるシステム停止時間内に移行が完了する場合を想定し、ダンプファイルを使った移行の流れを解説します（**図15.3.4**）。

オンプレミスで利用していたOracleデータベースのデータをダンプし、AWSのAmazon S3に配置してRDS（Oracle）へインポートしていきます。

❶アプリケーションからデータベースへの更新を停止する

❷ダンプファイルをエクスポートする

❸Amazon S3などにダンプファイルを配置する

❹ダンプファイルをRDSのDBインスタンスにダウンロードする

❺ダンプファイルをRDSのDBインスタンスへインポートする

❻アプリケーションを再開する

❸ではDBインスタンスのデータ領域（DATA_PUMP_DIRで指定）へダンプデータをダウンロードします。そのためダウンロード後にRDSのスナップショットを取得しておくと、SYSオブジェクトを誤ってインポートするなどでRDSを壊してしまった場合やトラブルが起きた場合でも、すばやくリカバリできます。また移行が問題なければ、DATA_PUMP_DIRをクリーンアップして不要なファイルは削除しておきましょう。

▶**図15.3.4**　ダンプファイルによるデータ移行

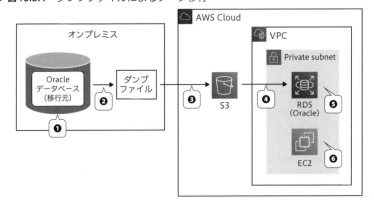

```
DATA_PUMP_DIR内のファイルを表示する
> SELECT * FROM TABLE(rdsadmin.rds_file_util.listdir('DATA_PUMP_DIR
')) ORDER BY MTIME;
```

```
DATA_PUMP_DIR内のファイルを削除する
> EXEC UTL_FILE.FREMOVE('DATA_PUMP_DIR','<file name>');
```

そのほか、Oracleのデータをクラウドへ移行するときは以下の点に注意します。

- ▶ **RDSへインポートするときはOracleのシステム表は除外し、ユーザースキーマやデータのみを対象とする**
  - ▶ エクスポート時に必要なユーザースキーマやデータのみエクスポートし、ダンプファイルの容量やかかる時間を削減する
  - ▶ エクスポートのモードはFULLでも問題なし
- ▶ **S3を経由してダンプデータをRDSへ取り込む**
  - ▶ rdsadmin.rdsadmin_s3_tasks.download_from_s3コマンドを使用して、S3からRDSのDATA_PUMP_DIRにファイルをダウンロードする
- ▶ **Amazon S3の容量制限(1ファイル5TB以下)に注意する**
  - ▶ ファイルサイズが大きくなる場合は、FILESIZEオプションでダンプ時にファイルを分割する
- ▶ **移行後の確認**
  - ▶ 正常にインポート完了後は、双方のテーブル件数の確認や数値項目のSUM値を比較するなどのテストを行う

詳細については「参考」の「Oracle Data Pumpを使用したインポート」を参照してください。

> 参考：「Oracle Data Pumpを使用したインポート」 https://docs.aws.amazon.com/ja_
> jp/AmazonRDS/latest/UserGuide/Oracle.Procedural.Importing.DataPump.
> html

15.4

大量データの移行

AWSにはデータ移行を支援するサービスがあります。サービスを停止できる時間や移行にかかるコストを鑑み、最適な方法を検討しましょう。

「オンライン」のデータ移行

オンプレミスのデータをクラウドに移行する場合、インターネット経由またはDirect Connect経由での直接移行も可能ですが、データ量に比例して時間がかかる問題があります。**表15.4.1**にあるように、データが大容量になればなるほど、オンラインですべてのデータ移行を行うのは現実的ではありません。たとえば移行するデータ量が10TBで回線速度が1Gbpsの場合、伝送効率を50%とすると転送にかかる時間は約45時間にもなります。

AWSでは**データ容量が500GB未満かつ回線速度が10Mbps未満の場合はrsyncやAmazon S3 CLIを利用したアンマネージド型のデータ移行を、データ容量が500GB以上で回線速度が10Mbps以上の場合は表15.4.2のようなマネージドサービスの利用**を推奨しています。

オンラインのデータ移行では回線速度が直接データ移行時間に関わるため、多くの場合は一時的に帯域を確保して、可能な限り短時間で移行を完了させます。またデータ移行後にデータを正常と結論付ける判断基準、その操作方法をあらかじめ決めておくようにしましょう。

「オフライン」のデータ移行

オンラインでデータを移行できるとはいえ、数十TBを超えるような大容量の場合はオフライン、つまりデータを物理的にAWSのロケーションへ

▶ 表15.4.1　伝送効率50%のときのデータ転送時間

移行するデータ量	100Mbps	1Gbps	10Gbps
1TB	約46時間36分	約4時間33分	約27分
10TB	約466時間（約19.4日）	約45時間30分	約4時間33分
100TB	約4660時間20分（約194日）	約455時間6分（約19日）	約45時間30分

配送し Amazon S3 などへ書き込む方法を検討します。オフラインでのデータ移行サービスでは、オンラインデータ移行に利用する AWS Snowcone を含む Snow ファミリーと呼ばれる複数の AWS サービスが用意されています（**表15.4.3**）。

表15.4.3 の Snow ファミリーの中で AWS Snowmobile は 2023 年 4 月現在、日本のリージョンでの提供はありません。

AWS Snowcone や AWS Snowball は物理デバイスです。そのためデータを物理デバイスへ転送する時間以外にも、**AWS とデータのある拠点間での配送**に時間がかかります。標準的なフローとリードタイムを**図15.4.1**に示します。

▶**表15.4.2** データ転送のためのマネージドサービス

	AWS DataSync	AWS Transfer Family	Amazon S3 Transfer Acceleration	AWS Snowcone	Amazon Kinesis Data Firehose
機能	オンプレミスと AWS 間でデータを転送する	SFTP、FTPS、FTP プロトコルを利用してデータを転送する	Amazon S3 でバケットごとに設定し、Amazon CloudFront 経由で Amazon S3 へデータをルーティングして安全にファイル転送する	データ容量8TBの軽量(2.1kg)なストレージ。AWS DataSync を使用してオンラインでデータを転送する。データをストレージ内にコピーして AWS へ配送(オフライン移行)もできる	データレイクやウェアハウスにデータをストリーミングする
移行先ターゲット	Amazon S3、Amazon EFS、Amazon FSx for Windows	Amazon S3、Amazon EFS	Amazon S3	Amazon S3、Amazon EFS、Amazon FSx for Windows	Amazon S3、Amazon Redshiftほか

▶**表15.4.3** Snow ファミリーの使い分け

	AWS Snowcone	AWS Snowball (Edge Storage Optimized)	Amazon Snowmobile
使用可能なHDDストレージ容量	8TB	80TB	100PB
使用可能なSSDストレージ容量	14TB	1TB	なし
vCPU	4vCPU	40vCPU	なし
メモリ	4GB	80GB	なし
サイズ・重量	227mm × 148.6mm × 82.65mm・2.1kg	548mm × 320mm × 501mm・22.3kg	45フィートの輸送用コンテナ

▶ **図15.4.1** Snowball (Edge) の標準的なフローとリードタイム

Snowファミリーのデバイスへデータを転送する時間、正常性の確認に5人日程度かかるとすると、データの静止点を取ってからAmazon S3上にコピーされるまで3週間ほどかかります。その後更新された差分データはオンラインでの移行方式をとり、オンプレミスとAmazon S3の同期をとるとよいでしょう。

　データの移行は一大イベントです。検証や移行リハーサルを念入りに行い、計画されたスケジュールで問題なく移行が完了できるよう細心の注意を払って対応します。またうまく移行できなかった場合の切り戻しや一部移行による運用変更など、想定される手順は必ず明確にしておきましょう。

あとがき

　テンプレートを利用し、必要な機能をドラッグ＆ドロップするだけで簡単にシステムを作れるノーコード。DXを推進する中でIT人材不足を解消するツールとして、必要最低限のプログラミングを行うローコードとともに注目を浴びています。また、最近は指示を出すだけで絵を描く、文章を書く、情報をまとめるというAIを活用したサービスが有名ですが、AIの分野ではそれだけにとどまらず、自動でプログラムや簡単なアプリケーションを生成するサービスまでも出てきました。こうして爆速でWebアプリケーションが開発できるようになると、エンジニアとしてどんな価値を提供すれば今後この業界で生き残っていけるのだろうかと一抹の不安を覚えます。

　クラウドの登場でシステム開発のスピードは飛躍的に上がりました。キーワードを入れるだけでシステムを作成するために必要なたくさんの情報を、インターネットを通じて簡単に得られます。こうして無料で多くの有益な情報を得られる世の中だからこそ、その情報の真偽を見極める目を持ち、本当に必要なことに時間とお金をかけていきたいものです。

　こうしている間にも新しい技術や機能がリリースされています。仕事をしながらその情報を追い、理解し、使っていくことは容易なことではありませんが、機械にはない価値を生むエンジニアとして、これからもみなさんと一緒に歩んでいければうれしいです。本書を手にとってくださり、ありがとうございました。

索引

■監修者略歴

株式会社BFT

2002年に前身となる「株式会社ビジネス・フロー・テクノロジーズ」を設立。コンサルティングやシステムインテグレーション、IT教育事業を展開。「人とシステムをつくる会社」という経営理念を掲げ、より価値の高いシステムを提供しつづけるだけではなく、システムに関わる人材の育成にも力を注ぎ、豊かな社会の実現を目指しています。
https://www.bfts.co.jp/

■著者略歴 (五十音順。いずれも株式会社BFT名古屋支店に所属)

佐野夕弥 (さの ゆうや)

学生時代ではゲーム制作を行い、初めて務めた不動産会社では営業や広報、情報システムを兼務し、今は本書の執筆者の一人。業務や趣味で文章を書き連ねてきた経験を技術ブログ記事や本書に活かしている。IT業界に飛び込んでからはAWSをはじめとしたクラウドの業務に取り組み、理解を深める毎日。

相馬昌泰 (そうま まさやす)

プログラマーからインフラエンジニアに25歳で転職。オンプレで主に運用設計を担当しつつ、AWSのリフトからクラウドサービスへ携わり今に至る。好きなAWSサービスはS3です。

富岡秀明 (とみおか ひであき)

PC98でコンピュータの魅力に取り憑かれ、30年近くIT業界の経験を積む。部門運営とITセールスエンジニアを兼務するアラフィフエンジニア。ポジティブさを保ちながら、経験と知識を深め、IT業界の発展に寄与することを目指す。一番の喜びは若者の成長を感じること。

中野祐輔 (なかの ゆうすけ)

学生時代を沖縄で過ごし、海外一人旅や短期留学を経験しました。教員免許やファイナンシャルプランナーの資格を取得しましたが、IT業界を志しBFTに新卒で入社し4年目になります。クラウドや自動化に興味を持ち、業務に取り組んでいます。好きなAWSサービスはAWS Backupです。

山口杏奈 (やまぐち あんな)

新卒では雑貨業界に就職。20代後半に思い立ってIT業界へ転職し、今に至る。2020年秋からは名古屋支店へ異動し、システム構築の傍ら、技術ブログの執筆やインターンイベントの企画・運営などを実施しています。好きなAWSサービスはCloudFormationです。

装丁・本文デザイン	西岡 裕二
図版作成	スタジオ・キャロット
レイアウト	酒徳 葉子（技術評論社）
編集アシスタント	小川 里子（技術評論社）
編集	久保田 祐真（技術評論社）

ＡＷＳ設計スキルアップガイド
サービスの選定から、システム構成、運用・移行の設計まで

2023年8月8日　初版　第1刷発行

監修者	株式会社ＢＦＴ
著者	佐野 夕弥、相馬 昌泰、富岡 秀明、中野 祐輔、山口 杏奈
発行者	片岡 巖
発行所	株式会社技術評論社 東京都新宿区市谷左内町 21-13 電話　03-3513-6150　販売促進部 　　　03-3513-6177　第5編集部
印刷／製本	港北メディアサービス株式会社

●お問い合わせ

本書に関するご質問は記載内容についてのみとさせていただきます。本書の内容以外のご質問には一切応じられませんので、あらかじめご了承ください。
なお、お電話でのご質問は受け付けておりませんので、書面または小社Webサイトのお問い合わせフォームをご利用ください。

〒162-0846
東京都新宿区市谷左内町21-13
株式会社技術評論社
『AWS設計スキルアップガイド』係
URL https://gihyo.jp/（技術評論社Webサイト）

ご質問の際に記載いただいた個人情報は回答以外の目的に使用することはありません。使用後は速やかに個人情報を廃棄します。